123！探秘神奇的昆虫世界

超级昆虫大发现

CHAOJI KUNCHONG DA FAXIAN

林育真 许士国 著

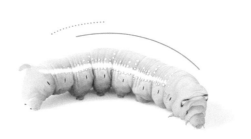

山东教育出版社
·济南·

图书在版编目（CIP）数据

超级昆虫大发现 / 林育真，许士国著 . — 济南：山东教育
出版社，2022.8（2024.11重印）

（123！探秘神奇的昆虫世界）

ISBN 978-7-5701-2294-3

Ⅰ . ①超… Ⅱ . ①林… ②许… Ⅲ . ①昆虫学 – 基本知
识 Ⅳ . ①Q96

中国版本图书馆CIP数据核字（2022）第154295号

CHAOJI KUNCHONG DA FAXIAN

超级昆虫大发现 林育真 许士国 著

主管单位：山东出版传媒股份有限公司
出版发行：山东教育出版社
　　　　　地址：济南市市中区二环南路2066号4区1号　　邮编：250003
　　　　　电话：（0531）82092660　　网址：www.sjs.com.cn
印　　刷：山东黄氏印务有限公司
版　　次：2022年8月第1版
印　　次：2024年11月第3次印刷
印　　数：8001—10000
开　　本：889毫米×1194毫米　1/12
印　　张：14.5
字　　数：200千
定　　价：46.00元

（如印装质量有问题，请与印刷厂联系调换）印厂电话：0531–55575077

前 言

想了解昆虫吗？那就要进入昆虫的世界。

昆虫起源于4亿多年前，历经千万年的进化，成为现今地球上最兴旺发达的动物类群，它们起源古老、种类繁多、数量庞大、分布广泛，地球上现存动物物种的三分之二是昆虫，迄今全球已知昆虫达到100余万种，而且仍有许多种类尚待发现。尽管昆虫体形小，似乎微不足道，但很多种类昆虫数量众多，其踪迹几乎遍布世界每一个角落，因此它们时常和人类发生种种关联、交集，有理由估计，我们每个人一生可能要面对20万只昆虫。不言而喻，许多种类昆虫与人类社会的生态平衡、物质生产、卫生保健、文化艺术关系密切，人类必须关注、了解、研究昆虫。

当地球陆地尚无任何动物时，昆虫是陆地最早的开拓者，也是地球上第一批飞行家。小小昆虫依仗无穷变化、万千体态以及无比高超的适应能力，不断繁衍、分化、扩展，成为多样性最高的生命群体。瞧！美到极致的光明女神蝶、金斑喙凤蝶，鲜艳赛过花朵的兰花螳螂，外貌狰狞可怖的鬼王蠡斯，像似外星来客的三刺角蝉，世界翅展最宽的乌桕大蚕蛾，世界最大蝴蝶鸟翼凤蝶，体长超过人胳膊的中国巨竹节虫，号称大力神甲虫的长戟大兜虫，身怀化学武器的气步甲炮虫，装备臭腺御敌保命的臭蜻，惟妙惟肖的拟态奇虫苔藓螳螂，以假乱真的隐身高手枯叶蛱蝶，生殖狂魔蚜虫家族，水下杀手幼虫水虿……林林总总的昆虫，构成了一个纷繁、复杂、精彩而又神奇的昆虫世界。它们可以为了生存而分工合作、群体捕食、互惠互利、共同分享，也能为了争夺食物、抢占地盘、竞争伴侣、繁衍后代而激烈争斗。无论环境多么恶劣不宜，昆虫自有神奇独特的生存对策；无论天敌多么凶猛强大，小小昆虫都有克敌制胜的法宝。

今天，科学家运用最新的高科技仪器设备，追踪昆虫，探秘昆虫，将活生生昆虫微细的身体结构、魔幻般奥妙的生命过程，真实而清晰地呈现在人们的眼前。昆虫种类形态的多样、微观结构的精妙、行为生态之高效，无不显示它们惊人的生存能力，是真正神奇的"小精灵"，值得我们人类好好研究和学习。

本书由20个可独立成篇的专题构成，每个题目围绕昆虫的一个中心议题展开讨论。全书内容丰富，信息量大，知识新颖前沿；前后各部分内在联系紧密，讲究系统性和逻辑性。全部304幅图，不仅生动清晰，每幅图均有其知识内涵，有些图幅包含多幅动态连续或类比对照的小图，本书努力达到图文并茂、以图辅文、以文释图，图文结合紧密。读者认真细读全书，可以学习领略昆虫学的基本知识、重要原理，了解掌握昆虫世界主要名虫家族及其典型代表。我们希望，用这本精心原创的昆虫科普读物，带领读者走进丰富多彩、神奇且充满奥秘的昆虫世界。让我们一起认识昆虫、了解昆虫，探秘神奇的昆虫世界！

目 录 Contents

1 什么是昆虫 （**What are insects**）

许多人认为，只要是小小的能爬会跳的动物就是昆虫。他们错误地以为蜱虫、蜘蛛、蝎子、马陆（千足虫）、蜈蚣（百足虫）、蛞蝓（鼻涕虫）等都属于昆虫家族。这些动物看起来有点像是昆虫，但如果你知道昆虫的主要特征是什么，你就懂得怎样判别真假昆虫，也就可以断定，上面提到的那些"虫"，它们并不属于昆虫家族。

昆虫和其他所有动物之间，有一个明显的区别，这就在于翅。绝大部分昆虫（指成虫）有两对（4片）翅，极少数原始昆虫无翅。尽管昆虫的"翅"也可以说成"翅膀"，但是昆虫翅的结构完全不同于鸟类的翅膀或兽类蝙蝠的翼膜。你要记住：地球上除了昆虫以外，没有任何其他类群动物的身体具有两对翅。

昆虫和其他所有动物之间，还有一个区别，就是足（肢体）的数目。昆虫是6条腿动物，整个动物界当中也只有昆虫（成虫）长着6条腿（3对足）。至于某种昆虫幼虫是否有足以及有多少对足，情况比较复杂，这得另当别论。

此外，昆虫的身体分为头部、胸部和腹部三部分。所有昆虫在头部都有两根触角。触角是一对感觉器官，通常长在两只复眼之间。如果你见到头上没有触角，或头上有两对触角的动物，它们肯定不属于昆虫。

现在你要记住，**真正的昆虫（成虫）身体有2根触角、4片翅、6条腿。**

在图1.1～1.8中共列出6种真正的昆虫家族成员，请试着认出它们，记住它们!

图1.1

这种小动物外形看起来很像昆虫，但你只要仔细观察，就能数清它身上总共有8条腿（4对足），且没有触角。因此，它肯定不是昆虫，它是属于蛛形纲蜱螨目的一种**蜱虫**。

图1.3

蝎子虽然身体像昆虫一样分节，但没有翅，也没有触角，当然也就不是昆虫啦。蝎子尾部有一根毒刺，头胸部的第二对附肢粗长螯状，用于捕食和防御。蝎子在起源上是蜘蛛的近亲，都属于节肢动物门蛛形纲。

图1.2

蜘蛛家族都不属于昆虫，它们既没有翅也没有触角，腿是8条而不是6条，身体分为头胸部及腹部两部分，腹部不分节，呈圆形或椭圆形。图中这种蜘蛛腹部表面的条带是其天生靓丽的彩色斑纹。而昆虫身体分为头、胸、腹三部分，腹部明显分节。

头部

颚足

图1.4

虽然**蜈蚣**头部有一对触角，但它也不是昆虫。因为蜈蚣的腿很多，人们称它为**百足虫**。其实蜈蚣一共只有44条腿，每个体节长有一对步足，第一体节的步足特化为有毒的钳状颚足，再加上它跑起来速度很快，因此，蜈蚣是凶猛的肉食性动物，以捕食其他小动物为生。

图1.5

图中身体长、体节多、腿也很多的虫子大名叫**马陆**，俗名**千足虫**。马陆是"虫"但不是昆虫，它并不是真的有一千条腿，只是腿数够多的。它属于节肢动物倍足类，每个体节有两对腿，细小的足挤成排，爬行反而慢吞吞，只能吃些腐败叶片或土壤中的有机碎屑过日子。

图1.6

这种小动物名叫**蛞蝓**，俗称**鼻涕虫**。它的头部有两对触角，身体没有外骨骼，柔软不分节，看起来就像没有外壳的蜗牛，也像一坨黏糊糊的鼻涕。蛞蝓和蜗牛在起源上的确有亲缘关系，都属于软体动物，也都喜欢生活在潮湿的地方。蛞蝓和昆虫血缘关系很远。

图1.7

图中是一只十分美丽的绿色**草蛉**成虫，它头上的一对触角很长，两对长短和宽窄都差不多的翅薄如轻纱，3对足也明显可见，它才是地地道道的昆虫。草蛉的幼虫蚜狮是喜欢捕食蚜虫、介壳虫等害虫的著名益虫。

图1.8

昆虫种类很多。图中从左至右是几类人们常见昆虫的成虫：**螳螂、蝗虫、蜻蜓、锹甲虫、竹节虫**。尽管它们形态不同、模样各异，但都具有昆虫的共同特征：2根触角、4片翅、6条腿。怎样区分不同类群的昆虫，这就要走进昆虫世界，进行深入的学习和实际的训练。

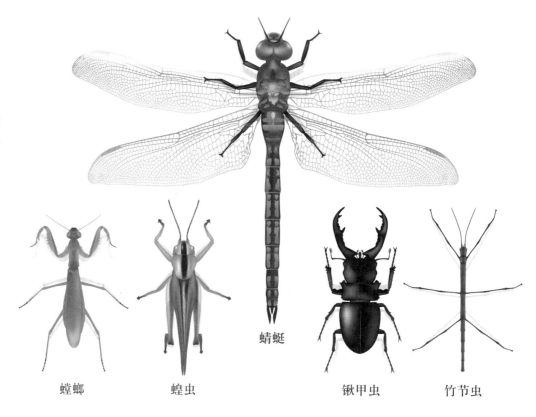

螳螂　　　蝗虫　　　蜻蜓　　　锹甲虫　　　竹节虫

4

昆虫有多少 （How many kinds of insect are there）

这个问题包括两个方面，一是全世界有多少种昆虫？二是每种昆虫有多少个体？

早先人们认为地球上有300万至400万种昆虫，近年科学家通过研究认为，全球的昆虫种类可能达到1000万种，约占地球全部生物种类的一半。不过，到目前为止，全世界已经定名、有记录的昆虫大约100万种，占动物界已知动物种类的2/3。

在已经定名的昆虫族类中，甲虫类（例如天牛、象鼻虫、瓢虫）最为繁盛，超过35万种；鳞翅类（例如蝶类与蛾类）约有20万种；膜翅类（例如蜂和蚂蚁）及双翅类（例如苍蝇、蚊子）都在15万种左右。而根据科学家的调查得知，目前全世界兽类只有约6000种；鸟类仅约9000种；即使包括鱼类在内的全部脊椎动物也不足5万种。对比可见，**昆虫是现今地球上最为繁荣昌盛的动物家族**，就物种**数目**来说，地球上任何一类动物的物种数比起昆虫都少得多，根本不在同一个数量级。

时至今日，昆虫世界既多样又隐秘，还有许多昆虫类群人类尚未认识，就算全球至少有300万种昆虫，那也还有200万种等待我们去发现、命名和研究。还有很多"昆虫之谜"等待人们去揭示。

昆虫不仅种类多，而且同一种昆虫的个体数量通常也很多。每种昆虫到底有多少个体，这很难有准确的统计。不同地区、不同年份和季节都会出现不同种类和数量的昆虫，这就使得昆虫数量的统计难上加难。日常生活中人们常用"很多""多""少""稀少"这样的相对数量等级来表示。

两三只昆虫在一起，不会引起人们的注意，但成千上万甚至几万、几十万只昆虫聚集一起，这就会使人感到奇怪：这些昆虫群聚的原因是什么？

有些种类昆虫的个体数量多得惊人：有时一个白蚁群体拥有多达50万个体；一棵大树上可能有十几万只蚜虫生活着；一平方米森林土壤中可能有好几万只跳虫（一类特殊的无翅的土壤昆虫）；飞蝗大发生时，在一个地区短时间内个体数量曾经达到几亿甚至十几亿只。

人类生活的地方，昆虫的种类和数量都很多，以至于有人估计，我们每个人一生中可能要面对20万只昆虫。

图2.1

沙漠蝗（图A）历来是北非、西亚和印度等热带干旱地区的大害虫，数量大暴发时蝗群遮空蔽日，覆盖上千公顷地面，个体数多得无法数清（图B）。它们吃掉迁飞沿途所有绿色植物，酿成了令人惊恐的蝗灾。2020年4月非洲索马里再度暴发数亿只规模的沙漠蝗灾，宣布全国进入紧急状态。

图2.2

图中这群**蚂蚁**聚在一起的原因显而易见，它们来共同享用那儿的一只死虫子。也可能一只活生生的昆虫不慎落入蚂蚁的势力范围，成千上万只蚂蚁围过来把它咬死、吃掉。一只蚂蚁很弱小，可是一大群蚂蚁很厉害。

图2.3

水龟虫是生活在淡水中的甲虫，外观看起来像一粒粒"豆豉"，因此，人们又称它们为**豉甲虫**。聚在水滨的一群**水龟虫**，可能由于水流作用或食物吸引而临时群聚在一起。

7

图2.4

美洲王蝶（图A）是一种奇特的蝶类，能集结成上千万只的超级大群进行远达4800千米的长距离迁飞。它们的学名叫**黑脉金斑蝶**，这明显是由布满它们双翅的黑色条纹及金黄色彩而得名的。图B为在墨西哥米却肯州的越冬林地中，数以万计的王蝶停息在一棵大树上的情景。

图2.5

一群**野蜜蜂**团团地聚集在一起，停靠在它们自己建造的巢窝四周，蜂巢是它们共同的"家园"。当外出采蜜的工蜂都回巢来了，蜂儿的"家"就这么热闹。

反过来，我们还必须知道，地球上目前有些种类昆虫数量极为稀少，尤其是一些珍稀濒危和古老孑遗的种类，由于它们的生存环境改变甚至遭到破坏，加上长期遭受人类过度捕猎，现在想见到一只都很难。例如产于南美热带雨林的光明女神蝶，十分珍贵稀有，被赞誉为世界上最美丽的蝶类。中国特有的金斑喙凤蝶，是世界上罕见的名贵蝴蝶之一，由于濒临灭绝，被列为国家一级保护动物。中华虎凤蝶是中国特有的极其艳丽的一种凤蝶，由于有濒临灭绝的危险，被列为国家二级保护动物。

　　另外，一些起源古老的原始昆虫，经历地球历史的变迁，现今的分布区变得非常狭小，有些甚至已经长期绝迹不见。即便经过昆虫学者艰辛地探寻偶尔发现，它们的数量也通常寥寥可数（例如中华蛩蠊）或仅有少数个体（例如豪勋爵岛竹节虫）。

▶ 图2.6

大型华丽的**光明女神蝶**，又被称为蓝色多瑙河蝶或海伦娜闪蝶，是秘鲁国蝶。在它光彩夺目的双翅上，闪烁着靓丽耀眼的蓝色。它的翅上密布含有多种色素颗粒的鳞片，会发光变色，随时变幻着深蓝、湛蓝和浅蓝色，贯穿双翅的白色圆斑就像镶嵌上去的珠宝，熠熠生辉。

图2.7 ◀

体态高雅、色泽艳丽的**金斑喙凤蝶**，长期以来一直被蝴蝶专家誉为"梦幻蝴蝶""蝶中皇后"。这种稀有珍贵的蝶类仅见于中国南方局部亚热带原始常绿阔叶林区，目前野外生存的数量极为稀少，成为如同大熊猫一样珍贵的国家一级保护动物，有资格当选为中国国蝶。

图2.8

中华虎凤蝶翅面底色金黄，上面相间映衬着鲜明的黑条纹，好像老虎的斑纹（因此得名虎凤蝶）；后翅外缘镶有鲜艳的橙红色斑。这种大名鼎鼎的蝶类专爱在杜衡植株上产卵，因为卵孵化后的幼虫偏爱取食杜衡的叶片。

图2.9

20世纪60年代中国邮电部拟发行一套中国蝴蝶邮票，根据学者的意见，其中必须要有一枚**金斑喙凤蝶**邮票。可是当时在国内竟然找不到这种蝴蝶的标本，图案设计者不得不借用英国伦敦自然历史博物馆的珍藏标本，这才完成了邮票的设计任务。

中国人民邮政

8分

纪56.20-9 金斑喙凤蝶 (29).1963

图2.10

中华缺翅虫是中国特有的原始稀有昆虫，体长只有0.3 cm（只有针眼大），1973年中国科学家首次在西藏境内发现。这种昆虫有无翅（A）和有翅（B）两型。因先发现无翅型，故名"缺翅虫"。它们成群栖息在原始常绿阔叶林的树皮下或土壤中，主要以比它们更小的螨类或真菌孢子为食。

图2.11

蚊蠊是原始、无翅的活化石昆虫，也是世界稀有喜冷物种，又称冰虫。长期以来在中国一直没有发现，直到1986年，中科院研究人员才在长白山采得一个雄性标本，2009年在新疆又发现一只另一种雌性蚊蠊，均列为国家一级保护动物。蚊蠊对探讨昆虫的起源和演化具有十分重要的意义。

图2.12

阳彩臂金龟是中国特有的一种大型金龟子，体长可达6.9 cm，体宽4.0 cm，雄虫前足极度延长，超过10 cm。1982年中国有关部门曾宣布，这种金龟子已灭绝。可喜的是，近年南方多地野外重新发现了它们。这种稀有的金龟子生活在常绿阔叶林，数量稀少，被列为国家二级保护动物。

图2.13

豪勋爵岛竹节虫生活在澳大利亚东海岸的豪勋爵岛，是一种史前巨虫，体长可达15 cm。1918年黑鼠入侵该岛，这种竹节虫惨遭捕食，至1930年全部灭绝。2001年昆虫学者在邻近的波尔斯金字塔小岛，意外发现约30只的小群，经保育专家执着地探索，终于人工繁育成功，目前增至近1000只。

3 哪里有昆虫 （Where to find insects）

面对这个问题，你可能和许多人一样，感觉并认为昆虫到处都有、无处不在。

实际上，要说哪里有昆虫，这就关系到昆虫的分布。首先要知道，昆虫的地理分布和生态分布是两个不同的概念。地理分布是指某种昆虫在地球上的分布区域，是能够在地图上标示出来的。例如光明女神蝶原产于南美洲，这指的是地理分布。而南美洲地域广大，境内有森林、草原、荒漠、高山高原等不同生境，而这种蝶仅分布在南美洲亚马孙河流域热带雨林地带，这就是指的生态分布，说明它属于森林昆虫类型。至于这种蝶在森林地带中实际生活的处所，生态学者通常用"栖息地"这个词来表示。

总之，全球五大洲四大洋，到处都可能有昆虫分布和栖息。确切地说，世界各地都分布有昆虫的某些类群或其代表。因此，昆虫"无处不在"的说法有一定道理。但如果以昆虫的生态分布及其实际生活的处所来说，那是需要有条件的。只有在适宜某种昆虫生活的地方，才能见到那种昆虫。

所有昆虫身体都很小，"小"有它的便利之处，这使得昆虫比其他动物类群更能适应多种不同的生态环境。大批昆虫生活在树木、灌木或草丛中；野外每一块石头下面几乎都生活有昆虫；地面下生活有穴居昆虫；土壤里生活有土壤昆虫；水中或水下生活着水生昆虫；即使静水水面上也生活有少数种类"水膜昆虫"；至于特殊的寄生昆虫，必须生活在它们各自选定的动物或植物寄主体内。

总之，昆虫家族有着比其他动物类群更广泛的生态分布。地球上主要的陆地生态环境——森林、草原、荒漠、苔原、高山高原、农田、种植园甚至居民区内，都生活有多种多样的昆虫。淡水和海洋中也生活有少数种类昆虫。

图3.1

森林是许多昆虫喜欢生活的地方，它们住在林内，吃在树上，并在那儿繁育后代。（图A）是一种美丽的**柑橘凤蝶**成虫，（图B）是它的取食为害柑橘叶的**幼虫**。蛾、蝶类及其他一些昆虫的成虫和幼虫，外貌和食性完全不一样。有时，一棵树上的昆虫可能数不胜数，（图C）是吸食植物汁液的害虫**红脊长蝽**。

图3.2

草地或草灌丛中昆虫的种类和数量也很多。图中是一只隐身在草灌丛中的**绿色螽斯**，它的体色和所栖身的绿色草木和谐相配，起保护色的作用。绿螽斯成虫体长可达5 cm，翅发达，善于飞翔，杂食性，常捕食其他小动物，也吃植物叶或嫩茎。

A

B

图3.3

图3.4

许多种类昆虫能够适应农田或果园等人造生境，它们从原本野外的生境侵入人类的种植园就地取食农作物或果木。图中**红蚜虫**具有类似蚊子那样的刺吸式口器，能够刺入植物（例如葡萄）的茎皮组织内，津津有味地吸食汁液，从而危害植物的生长发育。

图3.5

荒漠地带生活的昆虫是一些特别能耐受干旱的物种，常见的例如**沙地拟步甲、天花吉丁虫**等。沙地拟步甲（图A），身上多毛，沾满沙土，足上长着隔热的长毛，气门完全包在体内，以保存水分。天花吉丁虫（图B）常停息在荒漠植物梭梭或骆驼刺植株上，吃水分含量很低的植物就能发育和繁殖。

蛀木甲虫幼虫出生并生活在活树木或死木料及木制品内，它们靠吃木纤维为生，想吃就吃，其蛀食破坏通常从里面向外进行，遭到严重蛀食的木料就像被子弹打中，净是蛀孔及粉末。这种寄生在树木或木料里面生活的幼虫，要生长发育为成虫才钻出飞走。

土壤中生活着大量的昆虫，小型动物种类特别多，体长只有0.1~0.2 cm，甚至更小，它们生活在土壤颗粒间的缝隙里面，如果不注意，人眼很难看清它们。土壤昆虫种类繁多，数量庞大，仅跳虫一类，在全世界发现的就有9000种；起源久远的原尾虫和双尾虫是赫赫有名的土壤昆虫。

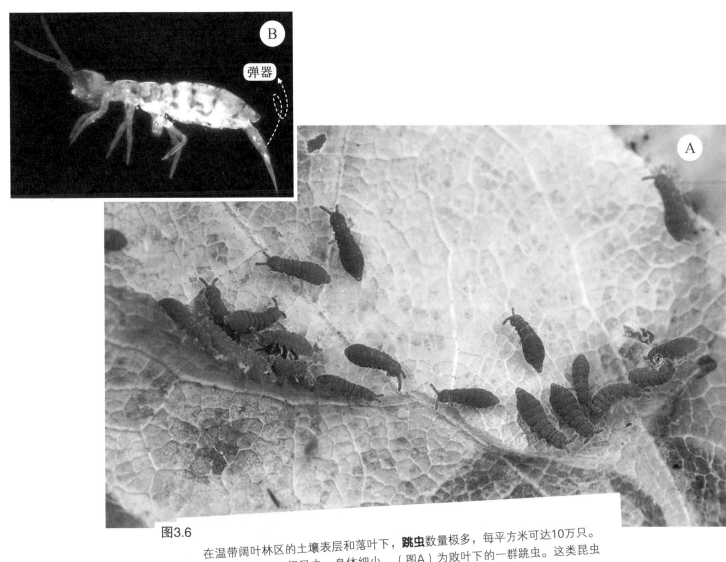

图3.6

在温带阔叶林区的土壤表层和落叶下，**跳虫**数量极多，每平方米可达10万只。跳虫属于低等无翅昆虫，身体细小，（图A）为败叶下的一群跳虫。这类昆虫最显著的特征是腹部具有特殊的弹器，能弹跳自如，故称为跳虫（图B）。它们聚集在一起跳跃，使人们远看起来以为是一阵烟灰，因此又称烟灰虫。

还有很多昆虫在其一生中有部分时间生活在土壤中，例如蝗虫卵期、蝼蛄卵期和若虫期、蝉的若虫期、蚁蛉幼虫期、金龟子幼虫期、叩头虫幼虫期等，这期间它们属于土壤动物类群。

海洋和淡水的河流、湖泊、水库以及湿地等，属于水域生态环境，那里生活有适应该生境的昆虫类群，但水生昆虫无论种类或数量都很少，与陆生昆虫的丰富多样不能相比。所谓水生昆虫，是指整个生活周期或其中某个阶段在水里度过的昆虫。根据科学家的研究，全世界已知淡水生活的昆虫仅约3万种，常见的例如龙虱（水龟虫）、龟蝽、仰泳蝽、蝎蝽、负子蝽及蜻蜓幼虫等。海洋是十分广大而多样的生境，但真正生活在海洋中的昆虫种类却很少，全世界至今已知仅有250~300种，例如海龟、海摇蚊等。对于绝大多数种类昆虫为什么不能利用海洋作为生存空间，至今尚无圆满的解答。

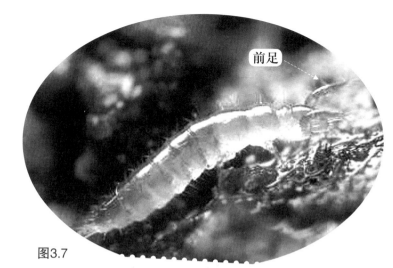

图3.7

原尾虫是最原始的微小昆虫，体长仅0.5~2.5 mm，无翅、无眼也无触角，一对前足特别长，可向前高举代替触角的感官功能，中、后足用于行走，生活在潮湿的土壤、落叶和腐木中，以植物根上的附生真菌为食。有些学者认为，原尾虫不能算是真正的昆虫。

图3.8

双尾虫也是一类无翅的原始小昆虫，许多特点类似原始古代昆虫，全世界发现约400种。它们最突出的形态特征是腹部有2根细长的尾须，有些种类的尾须演化为捕食用的尾铗。双尾虫隐秘生活在潮湿土壤及枯枝落叶下，极怕光，行动灵活。

图3.9

水黾属于蝽类家族，又名**黾蝽**（图A），是一类常见水生昆虫，生活在淡水湖泊、水库、池塘的水面上。确切地说，它们生活在静水水面由水的张力形成的那层薄薄的水膜上。和游泳或潜水生活的昆虫不同，水黾身轻足长，跗节上有疏水的油质细毛，能在水膜上迅速滑行，像一架微型水上飞机（图B）。

图3.10

蜻蜓幼虫生活在淡水里，是一种凶猛的肉食性水生昆虫幼虫，能够捕食其他小型水生昆虫甚至小鱼小虾，因此，它们有个专门的名称，叫作"水虿"。"虿"在中国古书中指毒蝎子之类。有些地方人们干脆叫它们"**鱼蝎子**"或"**吃鱼虎**"。

海黾是半翅类的漂浮生活的海洋昆虫，通常生活在远海海面上，属于肉食性昆虫，取食海面上的浮游动物、鱼卵、仔鱼及死水母，从不潜入海面下捕食。它们以刺吸式口器向被捕者体内注入消化液，将猎获物的身体溶化为浆液后吸食。海洋昆虫种类极少，德国海黾是目前研究最多的海洋昆虫之一。

图3.11

17

4 昆虫的外貌与结构

（The external and internal structures of insects）

　　昆虫身体虽然由一种基本模式构成，具有共同特点，然而，不同种类昆虫具有不同的外貌形态与结构特点，这与它们的生存环境及生活方式的多样化密切相关。昆虫的头部、胸部、腹部、翅、足、眼及体色、斑纹等，无不千姿百态，其多样性令人眼花缭乱，难以想象。归根溯源，这百万种昆虫展现的绚丽多彩的外貌、千奇百怪的形态，正是它们在各自的生境中自我防御、猎取食物以及生存繁衍的"硬件"设施。

形状稀奇古怪

　　大多数种类昆虫外形是圆筒状的，然而，就整个昆虫世界来看，它们的头、胸、腹三部分，能演化形成各种稀奇古怪的形状——细长形、长形、圆形、椭圆形、扁平形、侧扁形等，应有尽有。

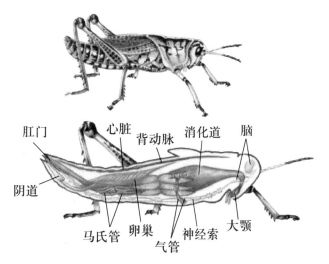

肛门　心脏　背动脉　消化道　脑

阴道

马氏管　卵巢　神经索　大颚
　　　　　气管

图4.1

蝗虫圆筒形的身体（图中上方）代表昆虫身体的基本形状。图中下方表示蝗虫体内各主要器官的名称及所在位置。由图可见，昆虫虽小，却是"五脏俱全"。当然，不同种类昆虫内脏器官的相对位置会因体形的变化而不同。

龟甲虫外形浑圆，它的如同盔甲一般的前翅（坚硬的鞘翅），加上前端半圆形有外骨骼保护的头胸部，使它如同龟类一样具有"盔甲"，整个身体被保护在坚硬的外壳内。当遭到其他动物攻击时，龟甲虫全身缩进"盔甲"里，把自己包裹得严严实实的。

图4.3

雄锹甲

图4.2

锹甲虫全球约1000种，在昆虫世界享有"铁甲骑士"的美誉：坚硬的鞘翅犹如铠甲，雄虫发达的上颚恰似铁钳，是用来争夺配偶的"武器"，雌性锹甲虫的上颚短小，它们明显雌雄两态。锹甲虫相貌虽然强悍，但并不侵犯其他动物，成虫主要以树木的汁液为食。

图4.4

原产南美的**鬼王螽斯**相貌狰狞，它拥有巨大的头部及可怖的口器，全身上下包括六条腿的腿节、胫节，都布满了极具威胁性的锐刺，橘黄色的强劲大颚和张狂的姿态都给人以视觉上的震撼。这些对它们来说不仅有机械防御作用，也能生猛地捕抓猎物，甚至能够吓退来犯者。

19

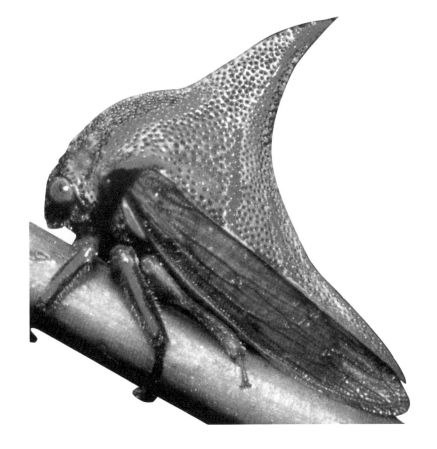

图4.5

昆虫中形状最奇特的莫过于角蝉类。图中这只**北美角蝉**长着一个奇特的背部，像一根硕大而且锐利的硬刺，而身体下方长得更像是来自另一星球的物种。它们样貌凶猛，却以吸食树木的汁液为食。角蝉外形进化成这种模样，无疑是一种生存对策。

图4.6

如果说圆筒状是**昆虫的基本形状**，那么，形态各异的头部、胸部、腹部以及翅、足、触角等相互搭配起来，可以有数不尽的变化。多样化的形状帮助昆虫适应多种生境，有利于昆虫家族的生存和发展。本图中列出一些常见昆虫的体形。注意：其中有3种不属于昆虫，请你识别出它们来。

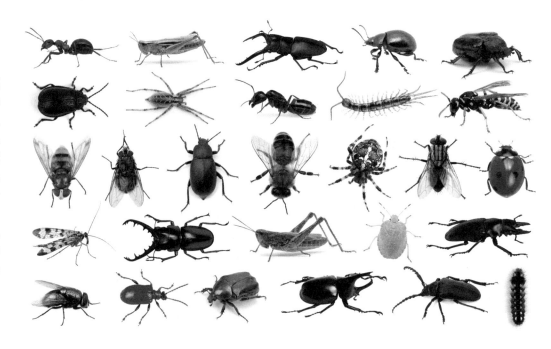

（答案：第2行左数第2个、第4个，第3行左数第5个）

大小相差悬殊

研究昆虫的学者，通常用"体长"和"翅展"这两个昆虫形态学名词，来表示昆虫身体的大小。

要知道，昆虫"体长"是有规定的，它是指昆虫头部前端到腹部末端的距离，也就是说，不包括前端的触角和末端的外生殖器的长度。有的昆虫（例如天牛）触角比身体长得多，有些种类雌虫腹部末端有一根超长的产卵器。触角和产卵器的长度，都不算在体长之内。

为了便于研究和比较，昆虫学者通常按照体长把昆虫分为5种类型：巨型昆虫（体长在100 mm以上）、大型昆虫（体长在99～40 mm）、中型昆虫（体长39～15 mm）、小型昆虫（体长14～3 mm）和微型昆虫（体长2 mm以下）。

有些昆虫身体虽不特别长，但双翅展开却很宽大。"翅展"即是指两前翅展开时，两翅顶角之间的距离。"翅展"的宽度也能表示昆虫的大小。

大部分昆虫的体长在5～15 mm，但**不同种类昆虫身体大小差异悬殊**。世界上最长的昆虫是近年在中国发现的一种巨型竹节虫，体长超过600 mm；身体最长的甲虫是南美洲的长戟大兜虫；最大的蛾类是原产于中、南美洲的乌桕大蚕蛾；最大的蝴蝶是亚历山德拉鸟翼凤蝶；最重的昆虫是新西兰的一种硕螽，雌虫重达71 g；最强壮昆虫的头衔归于长戟大兜虫；世界最小昆虫的称号属于缨小蜂类的柄翅卵蜂，成虫体长不到0.13 mm，是微型昆虫中最微小者。

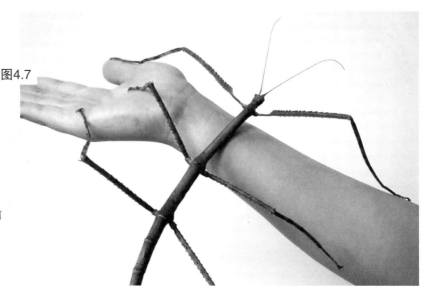

图4.7

许多种类竹节虫身体又细又长。生活在马来西亚热带雨林的一种**巨型竹节虫**，体长达到567 mm，曾被认为是世界上最长的昆虫，保存在英国伦敦自然历史博物馆。近年，我国成都华希昆虫博物馆保存的**中国巨竹节虫**，体长达到惊人的624 mm，这是目前已知世界上最长的昆虫。

21

图4.8

色彩艳丽的**乌桕大蚕蛾**，又叫蛇头蛾，它的翅展最宽达到320 mm，荣获世界最大蛾类的桂冠，因此又被人称为皇蛾。这种巨型蛾类能够人工养育和繁殖，作为观赏昆虫。瞧！照片中的皇蛾和它左边一只普通昆虫相比，简直就是个巨无霸！

雌蝶

A

雄蝶

B

图4.9

世界最大的蝶类是1906年发现的亚历山德拉鸟翼凤蝶，亚历山德拉是当时英国王后的名字。这种凤蝶翼展可达280～310 mm，因具有特大的体形、起角的双翅如同鸟类的飞行姿势而得名。近年这种世界第一大的蝴蝶得到当地原住民的保育护养，成为具有产业价值的文化昆虫。

雄虫

图4.10

长戟大兜虫原产于中、南美洲热带雨林。最大个体体长纪录为184 mm，是全世界最长的甲虫，也是昆虫世界的超级大力士，能举起自身体重百倍的物体。因此，它又得名**大力神甲虫**。它的突出特点是雄虫头部具有由大颚演变而来的极其发达的如同长戟的"头角"。

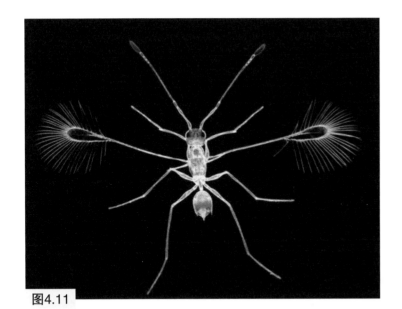

图4.12

在寄生蜂家族中多种小蜂体形也极微小。图中是经显微放大的一只**周氏啮小蜂**，这是中国林业科研人员为纪念著名昆虫学家周尧而定名的。这种小蜂成虫实际体长仅约1 mm，比一粒芝麻还小，可以穿过小小的针眼，但其杀灭害虫能力高强。

图4.11

柄翅卵蜂是寄生蜂家族中最小的成员，体长不到0.13 mm，比某些单细胞动物还小，因此极难被发现。加拿大研究人员在哥斯达黎加通过采集落叶层、土壤及植物才发现它们。在显微镜下，这类最小昆虫的真面貌得以展现，它那特殊带长柄的翅，末端有毛发状的边缘，好似"小仙女"之翼。

23

身体分头、胸、腹三部分

昆虫属于节肢动物，所有节肢动物的身体都由一系列体节组成，附肢也分节，大部分体节之间有柔韧的节间膜相连。和人类的身体比较，昆虫身体的基本结构很简单，所有**昆虫的身体都由头部、胸部和腹部三部分组成**。记住：昆虫的身体包括头、胸、腹部，如果有人说，某种昆虫还有颈部或尾部，那一定是误解了。

昆虫的头部位于身体前面，比较坚硬，形成一个"头壳"。头的上方有一对触角，下方是口器，两侧一般有一对复眼，两复眼之间有单眼。触角和眼是昆虫的感受器官，而口器就是昆虫用来吃东西的嘴巴。因此说：**头部是昆虫的感觉和取食中心**。

学者研究认为，昆虫的头部原本由6节组成，发育到成虫阶段，头部的体节愈合在一起，看不出分节的痕迹。昆虫头部形状并不都是圆形或椭圆形的，不同种类昆虫头部的形状变化很大，有三角形头、尖头等，但无论变成什么样子，头部感觉和取食的功能依旧存在。

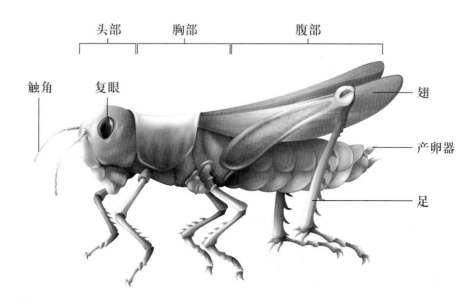

图4.13

蝗虫身体各部分的组成，代表昆虫身体的基本结构部件。昆虫身体有点像是装配起来的，这种结构的优越性在许多方面超过其他动物类群，甚至超过我们人类。本图以一只雌蝗虫为代表展示昆虫身体的主要结构部件。

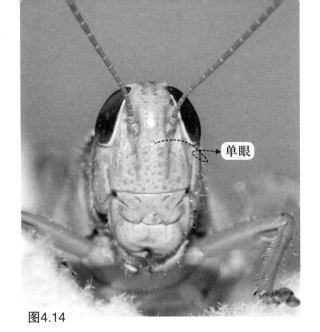

单眼

图4.14

蝗虫头部近似椭圆形，头上方一对丝状触角，有触觉及嗅觉的功能，既是蝗虫感触外界事物的器官，也是它们闻嗅气味的"鼻子"。蝗虫的视觉器官包括头部两侧的一对复眼和其间的3个单眼。在头部下方还有一副适于大吃大嚼的咀嚼式口器。

图4.15

螳螂的头部与众不同，头上有一双超级大复眼，约占其头部总面积的一半，每只复眼由28000个小眼组成。巨大的复眼使螳螂的视觉特别敏锐，同时使它的头部变成独特的三角形。口器发达，上颚强劲，一看就是厉害的肉食性角色。

图4.16

图中这种模样怪异的动物，看起来像一件微型长颈鹿"工艺品"，它可是一只活生生的昆虫，名字叫作**长颈象鼻虫**。事实上，所有昆虫都没有颈部，这种象鼻虫的所谓"长颈"，只是超长的头部和前胸部连在一起造成的误会。

25

图4.17

雄蝗

雌蝗

尖头蚂蚱大名负蝗，是一类常见的蝗虫。由于头顶向前延伸且额部强烈向后倾斜，使得其头部变得尖尖的。这种蝗虫的体色有草绿色，也有枯黄色，成体雌虫比雄虫大很多，繁殖期雄虫长时间趴伏于雌虫背部，雌虫背着雄虫照样爬行、跳跃、取食及飞行。因此，它们真是名副其实的"负蝗"。

A

B

图4.18

图A和图B是两种**三刺角蝉**，它们的头部形状非常独特，就像套上了一顶带三角尖刺的头盔，一看便知道这是极具威力的防御结构。有些掠食动物可能望而却步，也有的捕食者会靠近试探，这时徒有其表、无真正实力的刺角蝉会施展最后一招——飞走。

昆虫的胸部由前胸、中胸及后胸三节组成。每个胸节各有一对足，称为胸足，包括前足、中足和后足；中胸和后胸还各长着一对翅，分别称为前翅和后翅。昆虫的两对翅和三对足都在胸部，因此，**胸部是昆虫的运动中心**。

有翅昆虫成虫的胸节大体呈方形，无翅昆虫和幼虫的胸节构造简单，各节的大小和形状相似。昆虫胸节的发达程度与其翅和足的着生及生长状况有关。前胸由于无翅，形状变异较大，中、后胸由于分别生有一对翅，常高度骨化而比较结实和强壮。

要知道，在自然界有些昆虫的胸部和腹部形状变化很大，让人几乎不能一下子分清哪儿是它的胸部，哪儿是腹部。

图4.19

衣鱼是原始无翅昆虫，它的胸节和腹节区分不明显，它最显眼的特征在于腹部末端两条长缨状尾须及一条中尾丝，因此，昆虫学者将它们归属于缨尾目。衣鱼喜欢温暖潮湿生境，经常出入人类的书橱、衣柜，专吃纸和衣物。衣鱼行动敏捷，不易捕获。

图4.20

细腰蜂躯体中部有一段与众不同的"细腰"，这是由它的后胸部和第一腹节合并形成的。而且它的腹部只有3～5节（一般昆虫腹部9～10节）。"细腰"以及腹节减少这样的结构使得此类蜂儿的腹部更灵活，能够弯曲自如，随意将尾部毒刺准确刺向目标。

图4.21

螳蛉是模样怪异的捕食性昆虫，有类似螳螂的捕捉式前足及延长的前胸，其前胸长度约占全身的1/3，前、中、后三个胸节连在一起，长度和腹部差不多。要是它的前足完全伸开，长度和整个身长差不多。螳蛉和螳螂外形有点像，其实根本不属一家子，螳蛉属于脉翅目，螳螂属于螳螂目。

图4.22

绝大多数种类昆虫成虫胸部具有三对足，但也有例外，例如**蛱蝶**的前足退化，因此，它们是与众不同的四足蝶，只有两对能够用来行走的足。全世界的蛱蝶类约有6000个物种，多数种类属于中、大型的蝴蝶，这就是说，人们在野外见到"四足蝶"的机会还是不少的。

大多数种类昆虫成虫胸部上方具有两对翅，但有例外，例如寄生昆虫的翅几近完全退化。图中是一种世界性分布的**温带臭虫**，又称壁虱、床虱，它的翅退化，仅前翅保留革片的残痕。它有一对能分泌异常气味的臭腺，在它爬过的地方会留下极其难闻的臭味，故名臭虫。

图4.23

昆虫腹部紧连于胸部之后，比较细长，一般分9～10节，最多11节，节与节之间有节间膜相连，使得腹部具有弹性，能伸缩自如，并可膨大和缩小，借以帮助昆虫呼吸、蜕皮、羽化、交配、产卵等生理活动。昆虫的消化、排泄、循环和生殖系统等内脏器官主要位于腹腔内。腹部后端有生殖附肢。因此说，腹部是昆虫的代谢和生殖中心。

　　昆虫成虫的腹部一般只有生殖附肢。雄虫第9腹节为雄性生殖节，雌虫第8～9腹节为雌性生殖节。生殖节上有外生殖器。雌虫外生殖器称为产卵器，雄虫外生殖器称为交配器。交配器和产卵器是昆虫用来授精和产卵的器官。有些种类成虫腹部末端还生有特别的尾须。

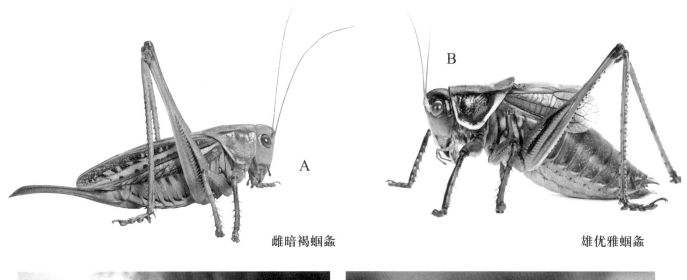

雌暗褐蝈螽　　　　　　　　　　雄优雅蝈螽

雌镰尾露螽

雌长剑草螽

图4.24　雌、雄螽斯成虫的外生殖器形状明显不同：雌虫的产卵器通常又长又尖，一眼就能看到（图A），（图B）是雄优雅蝈螽成虫，其交配器外观并不明显。因此，螽斯成虫的性别从外形上就能区分。不同种类雌螽斯产卵器的形状和长短有显著区别，例如刀状（图A蝈螽）、镰刀状（图C露螽）、长剑状（图D草螽）等。

29

图4.25

蜜蜂工蜂都是雌蜂，它们体内原有的产卵器演变为连通毒腺的螫针，因此，蜜蜂工蜂都没有生育功能，而雄蜂都没有螫针。蜜蜂螫针上生有倒刺，可使刺敌时越刺越深，但螫针也就不易拔出，使劲拔出时常连带撕裂内脏器官，以致行刺的工蜂很快死亡。

图4.26

成体昆虫的腹部一般只有生殖附肢，但有例外，例如革翅目**蠼螋**（图A）在腹部第11节生有一对叫作“尾须”的附肢，这对尾须骨化成为坚硬、尖锐的**尾铗**（图B）。尾铗是一种多功能器官，在求偶、捕猎和防御时用作武器。有翅的蠼螋类还会用尾铗帮助清理和折叠后翅。

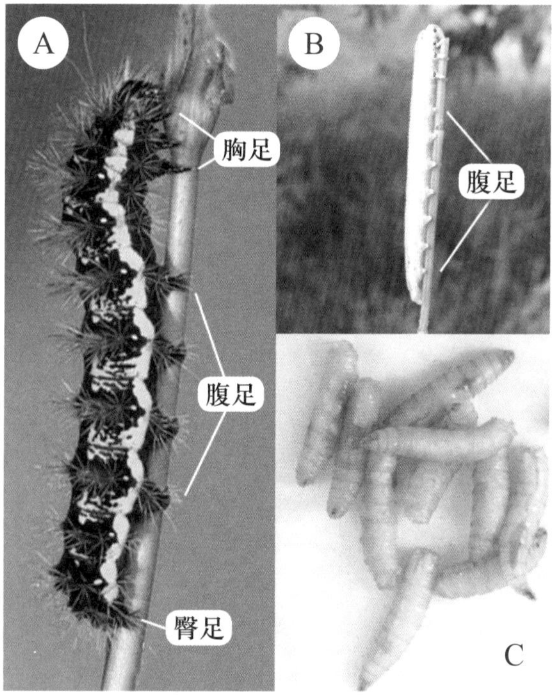

图4.27

昆虫成虫腹部没有足，但许多种类幼虫腹部有足，不同种类幼虫足的数量差别很大。**荨麻蛱蝶幼虫**（图A）除3对胸足外，还有4对腹足和1对臀足；**叶蜂幼虫**（图B）有3对胸足、6～8对腹足；**苍蝇幼虫**（图C）无足，称为“蝇蛆”，活动全靠身体的蠕动。

5 昆虫的感觉器官（The sensory organs of insects）

感觉器官是指能够感受外界事物刺激的器官。感受器官除包含有神经组织的感受器外，还包括非神经组织的一些附属结构。**昆虫的感觉器官主要为眼睛、触角、耳朵和其他多种微小的感受器。**

昆虫的视觉器官——眼睛

眼睛是昆虫用来看的器官，也就是视觉器官，包括一对大的复眼和1～3只小单眼。**复眼是昆虫主要的视觉器官**，能分辨近距离物体，特别是运动着的物体。单眼包括背单眼和侧单眼，背单眼只能感受光线的强弱，不能成像；侧单眼虽能成像，但视力极弱。

昆虫眼的构造和人眼不一样，人类每只眼内只有一个晶体，而昆虫的复眼由多数小眼组成。每个表面六角形的小眼都是一个独立的感光单位，有多少个小眼就有多少粒晶体。小眼的数目、大小和形状在各种昆虫中相差很大，例如蚊子的复眼只有300～500个小眼，家蝇的复眼由6000～8000个小眼组成，蝶、蛾类的复眼含有1万多个小眼，有些蜻蜓的复眼巨大，包含的小眼竟约有28000个。再者，白天活动、夜间活动和全昼夜活动的昆虫，它们复眼的成像方式是有区别的。

一般来说，昆虫的复眼越大，包含小眼越多，视力就越强，看物体也就越清晰。和人眼相比，昆虫复眼没有调节焦距的能力，视力约为人眼的1/80～1/60，能分辨近距离物体。然而复眼对移动物体感受力极强，捕食性昆虫（如蜻蜓），在追捕活动的猎物时，能够根据猎物移动的速度、距离，准确判断自身所需的加速度和出击的时间，麻利地完成捕捉动作。

一直以来，人们认为："复眼"只是昆虫等动物才有，人的眼睛虽然高级，但也属于特殊的"单眼"。近年的研究得知，人眼是进化了的复眼，能够随意调整焦距和方向。

31

图5.1

蜻蜓是著名捕食性昆虫，需要好眼力才能捕到猎物。图中这种蜻蜓有一对巨大的复眼和3只小单眼，几乎占到头部的2/3，发达的视觉器官配合头部的灵活转动，使得蜻蜓的视野几乎达到360度，真正可以"眼观六路"。

图5.2

瞧！**果蝇复眼**的晶体之间生有许多很不寻常的细毛，是特殊灵敏的感觉毛。因此，果蝇的复眼不仅能够看，细密的感觉毛使得雄果蝇还能感受到雌果蝇飞行时发出的嗡嗡声，使得它们很容易快速聚到一起，配对繁殖。

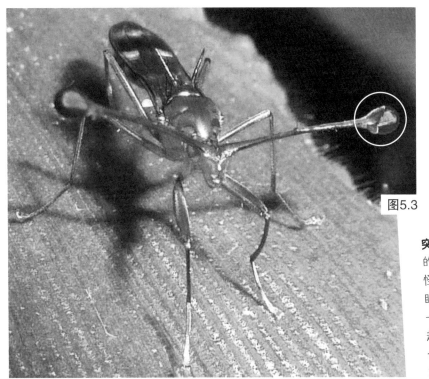

图5.3

突眼蝇的头部奇特，复眼长在特别长的眼柄末端（白圈所示）。如此稀奇怪相的适应意义，可能在于使视野随眼柄的加长而变得更开阔，前后左右一览无遗。不过，有利也有弊：受到超长眼柄的限制，眼不可能太大，包含的小眼就不可能非常多，视力也就不够清晰和锐利。

昆虫的嗅觉器官——触角

昆虫头上那两根"须"就是触角。大多数昆虫都有一对发达的触角，它就在头部两侧上方的触角窝内，触角能自由转动。昆虫的触角主要是用来闻嗅气味的，相当于人的鼻子，是重要的化学感受器。科学家发现，昆虫触角上有许多不同形状的微小的嗅觉窝，每个窝都与外界相通，窝内有感觉神经纤维，与脑神经中枢相连。当然，不同种类昆虫嗅觉窝的分布和数量是不一样的。

不同种类昆虫触角着生的位置、形状及其分节的数目、长短、结构与功能等各有特点，因此，触角也是昆虫分类重要依据之一。昆虫研究者把常见昆虫的触角归纳为丝状、刚毛状、念珠状、棒状、环毛状、羽状、鳃状、膝状、具芒状等类型。有少数种类昆虫雌雄虫的触角不一样，例如蛾类雄虫的触角羽状，而雌虫的触角却是丝状，据此，从外观上就能判断蛾类的性别。

虽然不同种类昆虫触角类型不一，但都有相当高的灵敏度，能够用来闻嗅气味、寻找食物和识别伙伴。例如苍蝇只要闻到粪臭味、肉腥味，就会飞过去；蜜蜂和蝴蝶闻到花果的香味，就能找到自己爱吃的花粉和花蜜；蚂蚁靠触角辨认食物及同伴。

科学实验证明：某些昆虫触角除了有"鼻子"的嗅觉作用外，还能起触觉作用和"耳朵"的听觉作用。对此你不必感到惊奇，例如蚜虫的"耳朵"就长在触角根部，雄蚊的"耳朵"就在其触角第2节。

研究还证明，除了触角以外，有些种类昆虫口部的下颚须和下唇须也起化学感受器的作用。

图5.4　昆虫种类很多，**触角**各有不同，学者将它们归纳为9类，例如：蝗虫、蟋蟀、雌蛾触角丝状；蜻蜓、蝉触角刚毛状；白蚁触角念珠状；蝶类触角棒状；雄蚊触角环毛状；雄蛾触角羽状；金龟子触角鳃状；蚂蚁、蜜蜂、象甲的触角膝状；家蝇触角具芒状。此外，叩头虫的触角是锯齿状的。

图5.5

雄性蚕蛾的羽状触角，由长长的主干和向两侧分生的小枝构成，上面分布有许多嗅觉窝、感觉毛和感觉突起，能够灵敏地感知环境中的微量气味，还能像雷达探测器那样探知其他蛾子身体发出的红外线，从而能够快速地找到配偶。

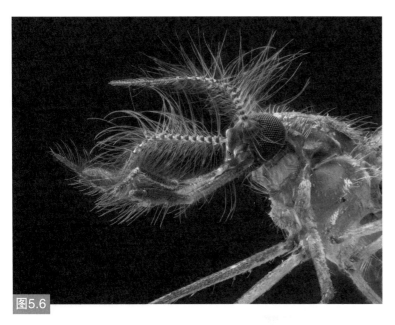

图5.6

显微镜下看到的**雄性蚊子**头部的照片，清晰呈现环毛状触角的微细状况。这种触角除了基部两节以外，每节都有一圈细毛环绕着，越靠近头部其细毛越长。细毛并不是简单的毛毛，上面布满微型感受器。

图5.7

蚁巢甲虫喜欢吃蚂蚁和白蚁，它那一对像"汤匙"一样的触角，就是专门用来闻嗅、检测和追踪蚁类的工具。蚁类在它们自身走过的路径上，会留下微量的气味痕迹，蚁巢甲虫敏感的触角能够嗅到，因此能够跟踪找到蚂蚁。

图5.8

全世界所有昆虫中，**天牛的触角**最长，可达到它自身体长的3倍。图中这种天牛有20多厘米长的触角。要知道，在超长的触角上可以配置更多的微型感觉器，用来感知更广大范围的情况。昆虫的两根触角总在不停地摆动，好比雷达转动的天线在进行多方位探测。

昆虫的听觉器官——"耳朵"

有人认为，昆虫没有真正的耳朵。其实，昆虫有"耳朵"，只是昆虫耳朵的构造与高等动物的有所不同而已。研究证明，许多种昆虫具有可以和人类耳朵功能相比的听觉感受器官，昆虫的听觉器官毫无疑问地起到耳朵的作用。

那么，昆虫的"耳朵"长在哪里呢？因为在小小昆虫的身上，只有很少的地方可用来着生感觉器，因此，昆虫的这类器官有时长在你意想不到的位置。许多种类昆虫的"耳朵"并不在头上，而是长在身上：①有的"耳朵"长在前足膝关节下面（也就是前足胫节上方），例如螽斯、蟋蟀；②有的"耳朵"长在腹部第一节两侧，例如蝗虫；有的长在腹部下面，例如蝉；③有的"耳朵"长在胸部，例如某些飞蛾；④有的"耳朵"长在触角上，例如雄蚊和豉甲虫触角上有听觉器，这样的触角就兼有多种感觉功能——一部分用来嗅味，一部分用来听；⑤有些种类昆虫，例如苍蝇的"耳朵"长在双翅基部后面。

每种昆虫"耳朵"的构造和形态各有特点，随着昆虫的演化历程，它们"耳朵"的复杂程度也各不相同，可归纳为**三类听觉器，分别叫作听觉毛、琼氏器和鼓膜听器**。

听觉毛是昆虫中最原始的听觉器官，结构简单，敏感度较低。有听觉毛的昆虫有蚂蚁、蚜虫等。

约氏器构造相当复杂，例如雄蚊触角第2节处有上万个剑鞘感受细胞器，按三个方向排列构成圆形结构，可感受声波刺激，能听到远处雌蚊的叫声，是动物王国中敏锐的听觉感受器之一。研究蚊子的听觉器并不容易，能够发现这种藏在触角里的"耳朵"具有创新突破的重大意义，昆虫学者为纪念发现者克里斯托夫·约翰斯顿（Christopher Johnston）的这项功绩，特命名这类听觉器官为"约氏器"。

蝗虫、螽斯、蟋蟀和鸣蝉的"耳朵"则属于鼓膜听器，这类"耳朵"的特点是：外部有发达的薄膜状鼓膜，向里有相当于共鸣腔的气囊，并连接里面特殊的听觉感受器。鼓膜听器能接受外界的声波信号，并通过听神经传递至脑部，做出相应的反应行为。螽斯的鼓膜一般呈椭圆形，有的外面有鼓膜盖保护。蝗虫的"耳朵"孔呈半月形。

有耳善听的昆虫，通常限于那些能够发声鸣叫的昆虫族类。昆虫鸣叫主要通过鸣声寻找配偶，达到交配的目的。有的种类只有雄虫能鸣叫；有的种类雌雄虫都能鸣叫，互相呼应。有些种类昆虫发出的鸣叫声，是我们人耳听不到的"超声"，而它的同类却能清清楚楚地听到。昆虫的听觉器官不单用于寻找配偶，在自卫、防御方面也有重要作用。例如飞蛾的耳朵能辨别蝙蝠的超声波，从而迅速飞离危险区域。蝈蝈不但能发出求偶的"呼唤声"，还能发出刺耳的"警告声"。

昆虫的"耳朵"虽然灵敏，但比起人类的耳朵来，功能还差得远，它们只能分辨声音的节奏，分不清曲调和旋律。

图5.9

早先人们不清楚，**蚊子**靠什么来听同类发出的嗡嗡声，更不知道蚊子的听觉器官在哪里。经过科学家多年反复研究，1855年约翰斯顿（Johnston）在雄蚊的触角的第二节（箭头所指）发现了蚊子的听觉器，后人称之为"约氏器"。此后，研究者在其他昆虫中也有发现。

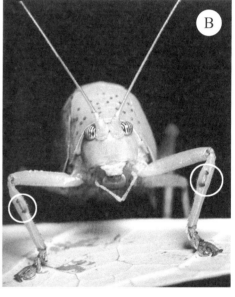

图5.10　各种**螽斯**的"耳朵"（即鼓膜听器），位于前足胫节上方（图A，红螽斯；图B，鞍螽斯），就是图中白圈标记的位置。确切地说，那里是外界声波传入螽斯耳朵的通道——鼓膜孔。螽斯只要转动前足腿部，就能够接收来自各个方向的声音。耳朵长在腿上，对于螽斯更有利。

38

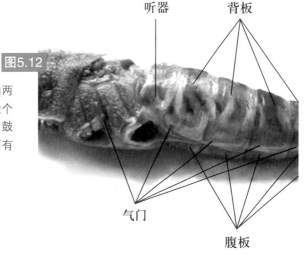

图5.11

图为电子显微镜拍摄的**优雅蝈螽**右前腿的照片，它能让人清楚地看到螽斯胫节上方一侧鼓膜孔（箭头所指）的形状。大型螽斯的鼓膜孔，仅凭人眼就能看到。螽斯耳朵长在前腿胫节上，因此又称为**胫听器**。当螽斯向前爬行时身体还未到，"耳朵"已经伸出老远，可更早察觉前方的动静。

听器　　背板

图5.12

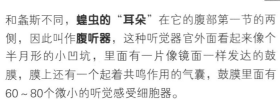

和螽斯不同，**蝗虫的"耳朵"**在它的腹部第一节的两侧，因此叫作**腹听器**，这种听觉器官外面看起来像个半月形的小凹坑，里面有一片像镜面一样发达的鼓膜，膜上还有一个起着共鸣作用的气囊，鼓膜里面有60～80个微小的听觉感受细胞器。

气门　　腹板

昆虫的其他感觉器

除了眼睛、触角、耳朵等重要感觉器官外，在昆虫身体的口器、足、翅基部、生殖器、尾须以及节间膜等部位，还分别着生有许多微小的**毛状、钟形、锥状或毛板状**等触觉感受器。其中，有些能够感受机械刺激，水生昆虫能感受水压变化，陆生昆虫可感受气压变化；有的能感受身体弯曲时的机械刺激。毛板状感受器能够感受关节移动的刺激，称为"位置感受器"。

昆虫身体还有**化学感受器**（简称化感器），包括嗅觉器和味觉器。化感器与昆虫觅食、求偶、产卵、选择栖境、寻找寄主，以及社会性昆虫各品级间行为的协调等都有密切的关系。

嗅觉器除上面说到的最重要的触角外，也还有毛状、板状、锥状等化学感受器，构造与机械感受器基本相似，特点在于其表皮极薄，外表具有与体内感觉细胞相连的微孔（嗅觉孔或味觉孔），能检测混合在空气中的气态分子，分辨化学物质的性质和浓度。

有些昆虫具有毛状或锥状的味觉器，这类感觉器官大多位于口器或产卵器上，因此多与取食和产卵有关。味觉器能够检测液体分子的气味。

此外，许多种类昆虫身上还有感温器和感湿器，能够感知外界温度、湿度的变化。

敏锐的感官帮助昆虫寻找食物、配偶和适宜栖境，以及保护自身免遭天敌之害。昆虫家族如此繁荣昌盛，在地球上生活得如此成功，这和它们对周围环境有很好的感知适应能力有关。

图5.13

看！这种**金龟甲**的身上布满数以千计的毛，其中许多毛是具有特殊功能的，能够用来感触食物所在地和闻嗅气味，这就好比一个人有上千根"指头"和上千个"鼻子"。

图5.14

斑眼食蚜蝇足部的感觉毛，能够闻嗅花蜜的味道。它把足插到花朵中，试探里面有没有花蜜。只要那里有花蜜，它立刻伸进嘴吃起来。而我们人类无论如何也不可能用脚闻到蜜糖味。

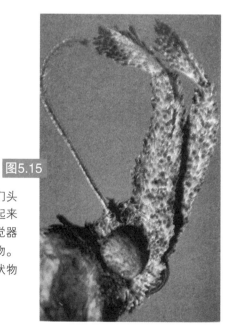

图5.15

草地玉米螟是一种有害的螟蛾类，它们头部前方一对长长的毛茸茸的东西，看起来像特别粗大的触角，但不是！这是味觉器官。这种螟蛾靠此器官寻找可食的植物。注意：在这对味觉器官后方的细长线状物才是触角。

6 昆虫的通信 （Insect communication）

任何一种昆虫生活在一起，个体之间必然要发生联系，互通信息。即使生性孤僻、独来独往的昆虫，在繁殖期间雌雄之间相互传递信息也是必不可少的。

信息传递必须有发送信息者和接受信息者。**通信就是由一只昆虫释放出一种或几种刺激信号，同种另一只昆虫或他种昆虫接收信号，从而启动特定的行为。**

昆虫发送信号的行为是天生的，接收信号的个体所做出的反应也出自本能。环境中可能有多种信号混杂在一起，但是每种昆虫有能力从杂乱的信号中分清并接收它的同种发出的信号。

昆虫发出的大多数信号与寻找配偶有关，有些信号也警告其他个体危险的到来，或者指示同伴通往食物的途径，有的信号会使同伴集体发动攻击或停止攻击。

昆虫以多种方式进行通信，例如以闪光、鸣声、互相抚摸、轻拍、分泌气味或者甚至"唱歌"为信号发送，而接收者以看、听、触觉、闻嗅或尝味等方式来接收信号。

根据接收信息昆虫的行为方式，昆虫的通信可归纳为**视觉通信、听觉通信、触觉通信、化学通信以及行为通信等五类。**

昆虫的视觉通信

视觉器官（眼睛）发达的昆虫，彼此之间进行视觉通信是很普遍的，这也是简单和直接的联系方式。例如萤火虫雌雄个体之间以闪光彼此联络，这就是视觉通信。又如昆虫外表的保护色，这是通过"误导"的视觉信息来迷惑天敌或猎物，起到自我保护或顺利捕猎的作用。视觉通信还具有示警效果，例如警戒色，其实就是某类具有超强色彩的昆虫，以刺激敌方的视觉，起到展示自己、吓唬天敌的作用。视觉通信还包括动物的肢体语言，例如许多昆虫遇敌装死；有的昆虫飞行姿势飘忽不定，例如枯叶蝶飞行像一片枯叶在飘落。这些迷惑视觉的伎俩同样可以骗过天敌，保存自身。

在自然界仅仅以视觉通信作为彼此沟通手段的昆虫种类较少，它们往往将视觉通信和其他通信方式共同使用，以便发送或获取准确的信息。

图6.1

萤火虫 的发光器在腹部末端。发光机理是呼吸使体内的发光物质 "荧光素" 氧化。萤火虫发出的荧光在暗夜中显得相当明亮。不同种类萤火虫光信号的差别有助于种间相互区分，靠着光的引导，同种雌雄萤火虫能够迅速找到一起，它们是不会搞错对象的。

图6.2

萤火虫 群集飞舞景象迷人。成熟的雄虫和雌虫用极其规范的闪光模式进行信息沟通：雄虫在低空飞舞，每隔数秒发光一次；停在枝叶间的雌虫，在雄虫发光后也发光进行呼应。它们发光时间的长短和呼应的时间间隔，每次都准确无误。

43

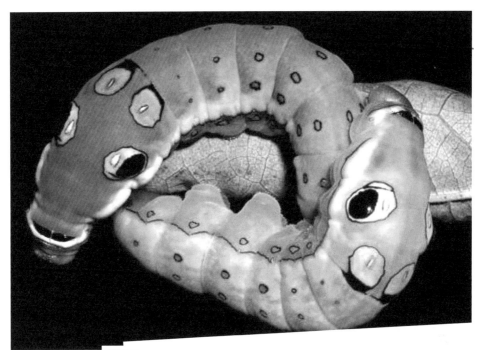

图6.3

图中两只毛虫同属于**凤蝶幼虫**。它们给天敌如同"蛇头"的视觉冲击，而且它们还会释放出蛇的气味。在蛾蝶类部分成虫和幼虫中，有些种类体色鲜艳醒目，有的形态稀奇怪异，能起到"恐吓"的作用，让天敌看走了眼，放弃捕食它们。

图6.4

刺蛾幼虫身上除了有刺突和毒毛外，还有鲜艳醒目的条形斑纹，这些都是造成强烈警戒的视觉标志，鸟类尝试捕食一次后，再也不敢去吞食这类幼虫。刺蛾幼虫不仅危害多种林木果树，它遍布全身的毒性刚毛，人类皮肤一旦接触，被刺入汗毛孔，就会发炎肿胀，疼痒难忍。

图6.5

非洲绿巨螳平均体长约9 cm，是世界上最厉害的大型螳螂，战斗力超强，不但善于捕食各种昆虫，就连一些小型鸟、鼠、蛇也不放过。这种螳螂视力非常好，它瞄准猎物时有三维立体感，能够计算出猎物的距离和具体位置，在短时间内发动攻击，成功捕获猎物。

图6.6

牛头犬蚁是古老而巨大的蚁类，都生活在澳大利亚。与大多数其他种类蚂蚁不一样，牛头蚁的化学感受器不发达，却有特别大而明亮的眼睛，视力极其敏锐，大颚长而锐利，尾刺毒液厉害，因此能够单独捕食比自身大的猎物。成群结伙时敢于对抗小型兽。

鸣虫的声通信

声通信就是听觉通信。进行声通信首先要有发声者——鸣虫。所谓鸣虫是指能发声鸣叫的昆虫。自然界的鸣虫种类很多，在中国全部33目昆虫中，已知能发声的昆虫就包括有16目，发声昆虫的物种总数超过1000种，其中的大牌鸣虫包括螽斯类（如蝈蝈、纺织娘）、蟋蟀类（如蛐蛐、油葫芦、金钟）以及南方各种蛉虫类，还有蝉类、飞虱等。

对于生活在灌木、草丛及洞穴中的昆虫来说，封闭的栖息环境使得视觉通信受到局限，声通信成为它们传递信息的有效方式之一，在同伴之间求偶、召唤、报警以及恫吓、攻击敌方等行为活动中，声通信具有十分重要的意义。

有些种类昆虫成虫时期才能发声，但有些种类幼虫期或蛹期也能发出声音。有些昆虫发声方式比较原始，如叩头虫以头胸部叩击地面而发声，蛀木甲虫幼虫用头敲击蛀洞内壁而发出奇怪的响声。这类简单的碰击发声和那些通过专门发音器官有规律地鸣唱，在进化程度上是有明显差别的。

人们知道，进行声通信的动物首先要有发声机构。哺乳类靠喉管发声，鸟类靠鸣管鸣唱，昆虫发声机构虽然比较简单，但发声方式却多样化，其中有些依靠双翅相互摩擦发声（如螽斯、蟋蟀），有些种类靠膜结构的振动而鸣唱（如蝉类），有些以翅的振动发声（如蚊、蝇）。多数鸣虫雄成虫才有发声机构，也有少数种类雌雄成虫都能发声。

著名鸣虫螽斯和蟋蟀鸣声的产生，都是由前翅的发声机构来完成的。螽斯的发声器就是右前翅后缘的刮器和左前翅腹面的音锉（图6.7）。刮器是一段翅脉骨质化，比通常的翅脉突出而坚硬。音锉则是由翅脉特化的一行齿状突起，由一个个角质化的音齿所组成（图6.8）。不同种类昆虫音齿的数目、形状及排列有所不同，由数十至一百多个不等。

许多种鸣虫能发出至少三种不同的鸣声：呼唤声、求偶声和争斗（告警）声。不同鸣声的声谱特征不一样，人耳就能辨别，其功能作用也不同。以常见的蝈蝈的鸣声为例：成熟雄虫在繁殖期不断发出的"唧唧唧……"高叫声，就是招呼雌虫"来来来……"的呼唤声；当雌虫应声前来相会时，雄虫即改为"吱吱吱……"低吟轻唱的求爱声；而突遭惊吓的雄虫会发出"吱啦"的一声怪叫，这就是争斗声。

46

有些种类鸣虫，它们发出的鸣声特别响亮清脆，那是因为这种鸣声的音频正巧符合人耳所能感受的频率范围。有些种类发出的是超声波，超出人耳所能接受声波的范围，人耳听不到，就像有时被误认为是"哑巴"的螽斯，实际上它们的同类能清清楚楚地听到。

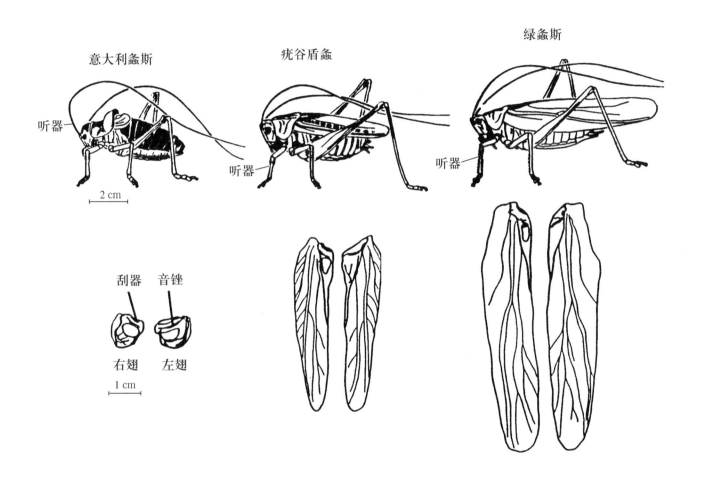

图6.7　图中3种**螽斯**，无论前翅是长还是短，鸣声都由左前翅上的音锉和右前翅上的刮器相互摩擦而产生。由于不同种类螽斯翅的大小、构造和摩擦方式不同，发出的鸣声也就因种而异。利用电脑技术人们能够对各种鸣虫的声谱进行采集、分析和模拟。

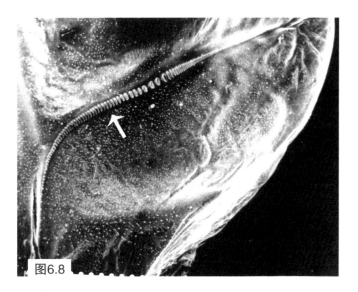

图6.8

本图为扫描电子显微镜拍摄的**暗褐蝈螽**部分左前翅腹面的照片。箭头所指是它的整条音锉，其实际总长约为4 mm，共由100多个角质化锉齿所组成。不同种类鸣虫（螽斯或蟋蟀）整条音锉的长度、锉齿的形状和数目是不同的，因此发出的声音也就各有特点。

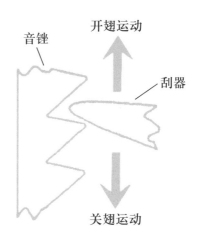

开翅运动

音锉

刮器

关翅运动

图6.9

刮器摩擦**音锉**的一个个音齿而产生声音，就像琴弓摩擦丝弦发出声调一样。人们可以想象，一只鸣虫老了的话，它的音锉上有些音齿难免钝了，甚至断了，发出的鸣声就不如年轻鸣虫的声音响亮清脆，这只老鸣虫也就很难吸引来雌虫了。

图6.10

优雅蝈螽（俗名**蝈蝈**）是大名鼎鼎的大型鸣虫，雄成虫鸣声响亮，常攀爬到荆条或酸枣的高枝处连续鸣唱，以使声波传得更远。繁殖盛期，雄虫不顾暴露自己，不停地发出招引雌虫的呼唤声，足见繁殖后代对它们多么重要。鸣虫以振翅鸣唱的方式争得配偶，比起两雄角斗节省能量。

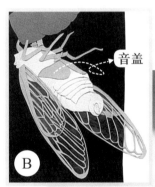

图6.11

蝗虫发声方法和螽斯完全不同，多数种类蝗虫用前、中足支撑身体（图A），以后足内侧的音齿摩擦翅而发音（图B）；少数种类以前后翅相互摩擦而发声。有些**雏蝗类**能发出相当响亮的鸣声，这些鸣声经人为录音并回放，能够骗得附近其他雄性雏蝗竞相鸣叫，也不管附近是否真的有雌蝗。

图6.12

在所有昆虫中，**雄蝉**（图A）发出的鸣声最为响亮，大型鸣蝉的高声鸣唱能够传至400 m以外，可招引停息在较远处的雌蝉。蝉的发音器在腹部腹面第一二节，外观是一对显而易见的"音盖"（图B），内有鼓膜。蝉凭借身体肌肉收缩振动鼓膜而发声，音盖与鼓膜之间有能放大声音的共鸣腔。

49

昆虫的触觉通信

以接触感觉作为媒介的通信方式就是触觉通信，就是昆虫靠身体的相互接触来传递信息的通信方式。这类通信只有当同种或不同种昆虫个体接触时才能发生，是近距离的重要通信方法。在昆虫中主要以触角或附肢触碰或轻拍对方，达到彼此间的信息交流。某些长期过洞穴生活或寄生生活的昆虫，它们的视觉器官不够发达或完全退化，触觉通信可以弥补视力的不足。

昆虫触觉通信常见的例子很多，例如蚂蚁的工蚁用触角触碰同类，告诉对方食物的性质、数量和位置；性成熟的雌、雄昆虫以触碰相互示爱；蚂蚁以触角轻拍蚜虫的腹部，促使对方分泌出蚂蚁喜欢吃的蜜露（就是蚜虫排泄物）；某些种类寄生蜂以触角敲打树木表面，寻找躲藏在树皮下面的寄主。触觉通信对寄生昆虫寻找及识别寄主起重要的作用。

图6.13

如果你留心观察**蚂蚁**的行为，就可以发现许多有趣的情况：两只蚂蚁相遇，好像在"交头接耳"，它们或以触角相抵，或互相用触角轻敲几下，信息就此得以传递。这种情况下传递信息，通常是提示同伴食物在哪里。

图6.14

科学家研究得知，在触角的对碰传信中，**蚂蚁**至少可向伙伴传送6种不同性质的信息：①表示食物的方向；②指示前进的方位；③请求回吐食物；④警告前方有危险；⑤传递是否全体出动的信息；⑥表示进攻或收兵。

雌螳螂

雄螳螂

图6.15

图中下方身体个头较大的是雌螳螂，上方个头较小的是雄螳螂。性成熟的**雌雄螳螂**相遇了，它俩以头部和前腿触碰对方，亲热招呼，互通情意。这是螳螂交配前常有的行为模式。

图6.16

在昆虫世界中，**蚂蚁**和**蚜虫**是互帮互助的"好朋友"。蚂蚁照管蚜虫，驱赶前来侵害蚜虫的其他捕食性昆虫，为蚜虫提供安全的生活环境。蚂蚁想吃甜食了，就用触角轻拍蚜虫的腹部，以触觉传情达意，蚜虫就会分泌出一滴蜜露给蚂蚁享用。

51

昆虫的化学通信

人类的通讯靠语言和文字，而许多昆虫以气味进行化学通信。化学通信是一系列包括信息的产生、释放、传递、接受的复杂过程，我们把**昆虫借助释放化学物质实现彼此"对话"的通信方式，叫作化学通信**，其实质就是昆虫通过释放某些化学物质来影响或控制其他昆虫的行为。科学家把传递信息的化学物质叫作化学信息素。信息素可以在同种或不同种昆虫之间传递。

昆虫信息素是昆虫分泌到体外的化学物质，是群中个体间相互联系、进行信息传递的物质基础。作为联系信号释放出昆虫体外的化学物质，以**性外激素**最为常见。例如许多种夜间活动的雌蛾，分泌有特殊气味的性外激素，通过此类"化学语言"，明确告知雄蛾"我在这里"。

蚁类的化学通信历来也十分引人关注。人们时常看到：一只完成侦察任务返回巢穴的工蚁，能够引得大批工蚁纷纷出巢，准确循着侦察蚁回来的路径前去搬运食物，这就是因为那只侦察蚁沿途释放了**追踪信息素**。追踪信息素如同人类设立的交通"路标"，有了它蚁群就不会迷路或跑冤枉路。

蜜蜂和白蚁各品级之间主要是靠化学信息素联络和沟通的，蚂蚁群的维系情况也类似。可以说，化学信息素才是生物身份的标志所在。蜂王因能产生蜂王信息素而成为蜂群的统帅。

释放信息素可分为主动释放和被动释放两种情况，主动释放是无条件的，只要昆虫机体产生信息素的器官功能正常，信息素就不间断地释放出来，如蜂王释放蜂王信息素就是主动释放。被动释放则是有条件的，只有接受了某种刺激后才释放，如工蜂释放的臭腺信息素和报警信息素等。

昆虫释放的化学物质所以能发挥重要的作用，是与动物本身有十分灵敏的感受器官分不开的。科学家研究得知，许多昆虫接受信息素的部位，就是触角上的微小化学感受器。例如蚂蚁依靠触角可以辨别气味、认识道路、判断方向、分清敌友，触角是引导蚁类行动的指挥棒。蚕蛾、小蜂雄虫等的触角同样起化学感受器的作用。

图6.17

图中为一窝树栖黄猄蚁，在**雌性蚁王**的身边围着一群为它服务的工蚁。体形庞大、大腹便便的蚁王行动困难，不能养活自己，但它通过不断分泌一种化学信息素，管理全群，控制工蚁积极喂养、伺候、保护它。

蚁王

蜂王

图6.18

蜂王信息素是由蜂王的上颚腺分泌的，这类物质对蜜蜂群体的生命活动起到无可比拟的重要作用。作为群体信息素，它用以控制蜂群的日常活动和稳定协作，激励全群工蜂尽心尽力侍奉蜂王、保卫蜂王。

图6.19

蜂王信息素的发送对蜂群繁衍有不可缺少的重要作用，每当繁殖季节，性成熟的雄蜂受到蜂王信息素的召唤，会自动飞出巢外，群集在空中飞舞，竞相追逐飞出巢外的雌性繁殖蜂（可称为准蜂王），达到繁衍后代的交配任务。雄蜂交配后即死去。

图6.21

雄蚕蛾具有世界上最好的气味感受器，用来接受雌蚕蛾发送的化学信息素，巨大而灵敏的**羽状触角**能够感知远至1100 m处来自雌蛾哪怕极微量（只有0.0001 mg）的气味。图为原产北美的一种大型蚕蛾雄蛾。

图6.20

蜂群中工蜂和蜂王的品级和职能不同，所分泌信息素的化学成分和作用也不同。**工蜂**由体内臭腺分泌**引导信息素**，对蜂群有强烈吸引力。图中工蜂腹部上翘露出臭腺，并振动双翅扇风，以助分泌物挥发扩散。臭腺分泌的外激素作为气味信号，能很快招引来同伴。

54

昆虫的行为通信

　　行为通信是以行为作为媒介的通信方式，人们最熟悉的是蜜蜂的舞蹈。养蜂人知道，蜜蜂以"飞舞动作"传递信息，行动有条不紊，迅速而敏捷。蜜蜂依靠"侦察蜂"带回信息，它们知道：哪儿有花，哪儿花蜜多，哪儿有水，有多少花，蜜源距蜂巢有多远。回巢侦察蜂以特殊的飞舞行为，把信息传递给蜂群，指引众多工蜂不停地外出采蜜。科学家发现，蜜蜂就是用一定形式的"舞蹈"做信号，召唤同伴一同去访花采蜜的。

　　对蜜蜂行为和信息传递的研究，成就最为卓著的是德国著名昆虫学家和动物行为学家卡尔·冯·弗里希。他的研究证实，蜜蜂能够利用舞蹈传递信息。当侦察蜂在野外发现一处蜜源后，它们赶快飞回巢窝，先释放出气味信息，接着在蜂巢上飞旋，"跳起"圆舞或8字舞。蜜蜂所"跳"舞蹈的角度、速度、圈数及舞姿等，正是进一步告诉同伴蜜源的准确方位和数量等。这样一来，后续外出采蜜的工蜂，就能很快找到蜜源，节省时间和精力。小小蜂儿竟有如此高效率的沟通方式，真的是小精灵。

　　可是，一开始很多人都难以相信，蜜蜂具有这么奇妙的信息沟通能力！这个问题在生物界争论了几十年，最终证明弗里希的发现是正确的。

　　弗里希对蜜蜂通信的研究十分深入。他还研究蜜蜂视觉、嗅觉，证明蜜蜂有辨色能力，并能辨识12种不同花朵的气味，他还发现蜜蜂能感知偏振光，能利用太阳位置和地磁场确定空间的方位等。弗里希作为昆虫行为生态学创始人，由于贡献巨大，与洛伦茨及廷伯根三人共同荣获1973年度诺贝尔生理学或医学奖。

　　近年英国科学家发明了一种能沾在蜜蜂背上的微型雷达跟踪器，并用它来追踪蜜蜂的整个采蜜过程，由此证明蜜蜂确实能懂得侦察蜂"舞蹈"所包含的信息，而且在飞向目标的过程中也不会受风向变化的影响。

图6.22

蜜蜂的**侦察蜂**飞"圆舞"表示蜜源在附近，飞"8字舞"则是传递蜜源与蜂窝距离的信息，侦察蜂摆尾时间愈长，振翅发出的声音愈响，表示蜜源距离愈远。它们重复圆舞或8字舞，直到蜂群成员全都明白动作的"潜台词"，并且都行动起来为止。

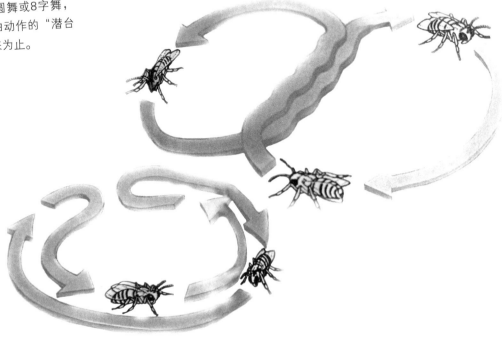

图6.23

科学家新近研制成功的微型**电子跟踪器**，重量仅10~12 mg，比一只蜜蜂一次采集带回的花粉团还轻。受试蜜蜂身上携带这种微型跟踪器，不会影响它们灵活自如的飞行，因此追踪试验的结果是可信的。

7

昆虫的口器 （Insect mouthparts）

昆虫学者称昆虫的嘴为"口器"。口器是昆虫的取食器官，有些昆虫的口器兼有感觉的功能。

不同种类昆虫喜欢和能够吃的食物很不一样。在常见昆虫中，有的爱吃植物叶子，有的爱啃木料，有的专吃花粉花蜜，有的能够捕食鲜活的小动物，有的爱吃腐尸或粪便，有的喜欢把尖尖的嘴插入动植物体内吮吸汁液……总之，每种昆虫有自己喜爱的食物和获取营养的方式。

一张嘴不可能什么都吃！不同种类昆虫嘴的构造和特征是多样化的，口器类型也多种多样。在昆虫长期演化过程中，不同种类昆虫以最不同的食物营养自己，由于取食方式和食物种类的差异，口器的形状和结构也随之演变得完全不同，因而逐渐形成多种口器类型，大致区分为两大类：一类为咀嚼式口器，另一类叫作吸收式口器。在吸收式口器中，由于吸收方式的不同，又分为虹吸式、刺吸式和舐吸式口器三种。吸收式口器虽然不能咀嚼，却可以吸收液体或融溶状态的食物。此外，还有另一类既能咀嚼也能吸收的口器，称为嚼吸式口器。总起来看，昆虫世界主要有上述5种口器类型。此外，个别昆虫类群具有某种特殊的口器，例如：蓟马类特有的锉吸式口器、蝇类幼虫的刮吸式口器等。

咀嚼式口器

很多种类昆虫具有咀嚼式口器，例如：蝗虫、蟋蟀、螽斯、螳螂、白蚁、甲虫、蝼蛄及多种蝶、蛾类的幼虫。这类口器由上唇、下唇、舌（各1片）和上颚、下颚（各1对）5部分组成。咀嚼式口器的骨质化程度一般比较高，尤其上颚很是坚硬，适于切断、磨碎和咀嚼固体食物；下颚和下唇还各生有2条具有触觉及味觉功能的口须。

植物如果遭受到具有咀嚼式口器害虫危害，通常会被嚼得枝叶不全、凌乱残破。

咀嚼式口器是昆虫口器中原始的类型。其他口器类型，是不同类群昆虫适应不同生活环境和取食方式，由原始的口器类型特化演变而来的。

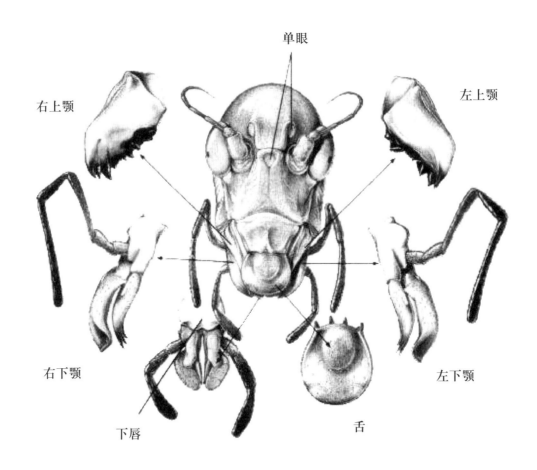

右上颚　　　　　　　　　　单眼　　　　　　　　左上颚

右下颚　　　　　　　　　　　　　　　　　　　左下颚

下唇　　　　　　　　　　　　舌

图7.1　本图显示昆虫**咀嚼式口器**的各个组成部分。具有咀嚼式口器的昆虫，能够咬住和咀嚼食物。它们虽然不像我们人类有真正意义上的牙齿，但这类昆虫上颚基部有槽状的"磨区"，用来磨碎食物；上颚前端还有尖锐的"切区"，用来切断食物。

58

图7.2

各种蝗虫都有一副能够大吃大嚼的咀嚼式口器。图中这只腾空跳跃的蝗虫是**大垫尖翅蝗**，口器的上唇、下唇和两对白色口须（下颚须和下唇须）从外部就能看得很清楚。它的一对上颚很锐利。

图7.3

沙地虎甲虫的上颚有切断和磨碎食物的功能，它左右活动（而不是上下活动）它的一对上颚，就能轻易夹住和切断食物。这种甲虫生活在干旱环境，身上密密地长着一层毛，可以减少体内水分的蒸发散失。

59

刺吸式口器

刺吸式口器是寄生生活昆虫特有的口器，例如蝉、叶蝉、蚜虫、介壳虫、蝽象等的口器，专门刺入植物体内吸食汁液；又如虱子、臭虫、跳蚤和蚊子等专门刺入动物体内吸取血液或细胞液。刺吸式口器的突出特点是下唇延长成管状喙，上唇退化成三角形小片，上下颚都特化成细长的针状。这种口器整体就像一支注射器的针管，适于刺入动物或植物体内吸食。

图7.4

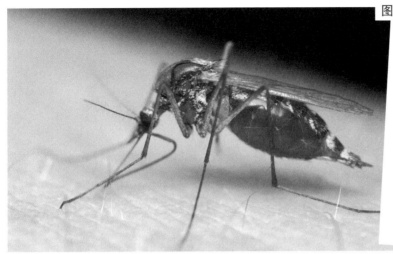

蚊子口器除了上下颚特化为针外，就连上唇和舌也演变成针状，所以蚊子的嘴总共有6根口针。口针尖端锋利，中间空心。蚊子用口针叮人吸血、传播疾病。看！图中这只雌蚊肚皮鼓鼓的，里面满是吸入的鲜血，真是名副其实的吸血虫。

图7.5

食虫虻（图A）眼大视力敏锐，又善于速飞快冲，因此能够捕获飞行中的猎物，蛾蝶、蝗虫、甲虫、蜜蜂及蝇类（图B）均可能被捕，甚至蜻蜓、胡蜂等凶猛昆虫也无法逃脱食虫虻的追捕。它有一副坚硬的刺吸式口器，能向猎获物体内注入消化液，将猎物的组织溶化为浆汁后尽数吸食。

图7.6

叶蝉（图A）外表很美，却是农林业重要害虫，严重为害禾谷、蔬菜、果树和林木等。它们用刺吸式口器（图B）吸食植物汁液，叶片受害后出现白色斑点，严重时整片叶子枯死。叶蝉类后足胫节上的成列刺毛是其最显著的识别特征。

虹吸式口器

虹吸式口器**为鳞翅类（蝶类和蛾类）成虫所特有**，这种口器的显著特点是具有一条能弯曲和伸展的细长管，称为喙。喙是由一对下颚内侧具有沟槽的外颚叶合围延长而成，食物通道就在其中。下唇须发达，而口器的其他部分（上颚、上唇、下唇、舌和部分下颚）大多退化。蝶或蛾类依靠肌肉和血淋巴液的压力，伸直喙管就能吸到花粉管底部的花蜜。虹吸式口器既适于吮吸花蜜，也能吸取水滴。

学者认为，虹吸式口器是昆虫口器演化的比较高级的类型，是适应对地球上有花植物花蜜资源的充分利用而特化发展起来的，因此也是进化程度最高的昆虫口器类型。

图7.7

蝶类和蛾类成虫具有典型的虹吸式口器，图中那种蝶的长喙看起来像一根浇水用的细橡皮管（白色箭头所指）。人们用小塑料管吸饮牛奶，就和蝶类用它的长喙吸食花蜜的道理一样。

Ⓐ

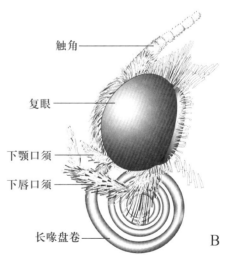

触角

复眼

下颚口须

下唇口须

长喙盘卷

B

图7.8 **蜂鸟天蛾**的虹吸式口器又细又长（图A），同时它们具有超高速振翅悬停空中的特殊本领，因而能安稳地吸到花蜜。有些**蛾类**用来吸取花蜜的长喙特别长，甚至达到本身体长的两倍。好在这条长喙不用的时候，能够像拧紧的发条似的盘卷在头部下方（图B）。

舐吸式口器

舐吸式口器为双翅类（苍蝇、丽蝇、麻蝇等蝇类家族）成虫所特有。苍蝇的口器与蚊子的口器大不相同，它的上下颚都已退化，原来的下唇变成一片宽大的唇瓣，能紧贴在食物上，用来舐吸食物表面的汁液。要是找到的食物是干燥的，唇瓣会先吐出一些唾液来润湿食物，再津津有味地舐吸入口内，因此，这种口器叫"舐吸式"，很是形象。

但"双翅类"这个名字取得不够科学，因为蝇类和其他昆虫一样，原本也有两对翅，只不过一对后翅特化成"平衡棒"，虽然仅剩很小的部分，然而其平衡功能却不能小看。

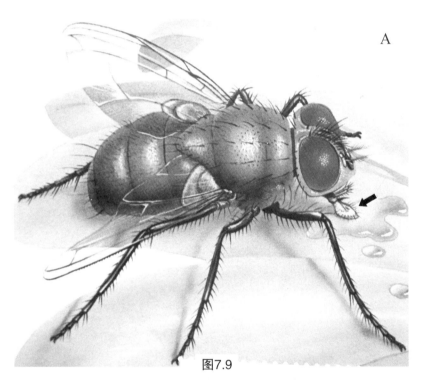

A

B

图7.9

绿丽蝇舐吸式口器末端的唇瓣（图A黑色箭头所指），是个宽大的上面有很多细孔的突出物。蝇类的口器有了唇瓣这部分特殊结构，就能够像海绵一样方便地吸收液体营养物和水了（图B）。蝇类飞到哪里，唇瓣就伸到那里。动物身上的伤口、脓疮是蝇类最爱舐食的地方。

63

嚼吸式口器

　　嚼吸式口器为蜜蜂所特有，它兼有咀嚼固体食物和吸食液体食物两种功能。这种口器的特点是：上颚发达，用来咀嚼固体花粉和建筑蜂巢的材料；而延长的下唇和下颚及舌头组成细长的小管，并与其中间的一条长槽共同形成能吮吸液体食物的吸管。蜜蜂把吸管伸入花朵之中，便可吸取花蜜。

图7.10

蜜蜂的嚼吸式口器既能采食、咀嚼花粉，又能吸食花蜜。上颚具有咀嚼功能，下颚及下唇特化组成具有吮吸功能的喙。图A显示蜜蜂的头部及其口器的形状。图B中蜜蜂正以其口器下方的吸管吸取花蜜。

8

昆虫吃什么（**What do insects eat**）

就整个昆虫世界来说，**它们几乎吃所有的东西**，这是昆虫家族得以繁荣昌盛的另一重要原因。而每一种昆虫喜欢吃什么和能够吃什么，上面说过，这与它们具有的口器类型密切有关。

大多数种类昆虫吃植物，世界上每种植物的各个部分，几乎都有专门的昆虫食客在光顾。许多昆虫喜欢吃叶片和嫩茎；成千上万种昆虫以花蜜和花粉为食；有些种类昆虫钻入树皮甚至木材内吃木质纤维；另有一些昆虫生活在土壤里，吃植物的根或腐烂的植物残体；有些种类口味奇特，专爱吃动物尸体或粪便；而水生昆虫大多捕食水中生活的小动物。

昆虫幼虫如同成长期的儿童，需要更多营养，它们比成虫吃得还多。幼虫的食物通常不同于长成的成虫，例如草蛉的幼虫（蚜狮）捕食其他昆虫，但成体草蛉主要吃花粉、花蜜。

昆虫的食性可归纳为：**植食性**，以植物各部分为食，约占全部昆虫种类的40%～50%，如黏虫、棉铃虫、麦蚜等；**肉食性**，以别种动物的鲜活个体为食，如草蛉幼虫、蚁蛉幼虫、食虫虻、肉食性瓢虫等；**腐食性**，以动物的尸体、粪便和腐败植物为食料，如食粪甲虫、埋葬虫、苍蝇等；还有少数以动物血液为食的**血食性**昆虫，如蚊子；另外有一类既吃植物又吃动物的，叫作**杂食性**昆虫，例如蟑螂就是最有名的杂食性昆虫，它们所吃的食物种类非常广泛，几乎无所不吃。

以昆虫所吃的种类多少来说，吃单一类食物的称为**单食性昆虫**，即只选择吃单一种植物或近缘的几种植物，例如梨大食心虫只取食梨属植物，绿豆象只为害绿豆，豌豆象只为害豌豆等；也有吃少数几种食物的**寡食性昆虫**，如菜粉蝶只在十字花科几个属的植物上生活；还有吃多种多样食物的**多食性昆虫**，例如有人研究得知，棉蚜能吃上百种不同科、属植物，是农业重要害虫之一。

图8.1

以植物叶片为食料的**毛虫**，很是普遍常见。毛虫依仗锐利的大颚，食量惊人。毛虫多了时，一片叶子上可能同时有许多只在啃食。要是植物的生长赶不上害虫的繁殖速度，就会发生虫灾。

图8.2

A

B

介壳虫是常见的害虫，它们奇特之处在于，体外包有虫体分泌的介壳或粉状蜡质物，并因此而得名。雄性介壳虫有足，有翅能飞，雌虫无翅、无足、无触角。雌虫和幼虫终生寄生在树木或花卉上，以刺吸式口器刺透植物茎皮，吸食内部汁液（图A）。一旦受害植株上布满介壳虫，则可能整株枯死（图B）。

66

图8.3

蜻蜓是优秀的飞行者，就像燕子飞行捕虫一样，蜻蜓也能够飞行捕食正在空中飞翔的小动物，例如蛾子、蝶类或蚊、蝇等。蜻蜓的一双大眼睛能看清各个角度飞行的物体，6条长腿如同一个凌空移动的活陷阱，能抓牢飞行中的猎物。这是一幅蜻蜓凌空捕蝶图。

A

B

图8.5

蜣螂（又叫**粪甲虫**）是尽人皆知的腐食性昆虫，它们利用易于得到的粪便资源，不惜耗费力气把粪便揉搓成圆滚滚的粪球，并单独搬运（图A）或两虫合作搬运（图B）到地穴中，再慢慢吃掉；或产卵在粪球里，让孵化的幼虫以粪球为食。这种做粪球、运粪球、吃粪球的奇异习性，实属独家专长！

图8.4

蛀木甲虫幼虫很容易吃到爱吃的木料食物，因为它们的妈妈把卵产在树皮里面，卵孵化为幼虫就生活在木料里。这就是说，它们自幼藏身在一个吃不尽的食物供应库里，可以随时随地大吃大嚼。有意思的是，蛀木甲虫幼虫长大变为成虫后，却根本不吃木料。

67

图8.6

蜜蜂、蛾蝶成虫体形较大，喜欢采食开大花植物的花蜜，对开小花的植物不感兴趣。而蚂蚁正好采食开小花（蜜腺小）植物的花蜜。图中这只正在采食花粉的**萤火虫成虫**，凭借灵敏的嗅觉找到自己喜爱的大花朵，它所选择的植物和蛾、蝶类喜爱的种类不一样，避免种间争抢同一类食物资源。

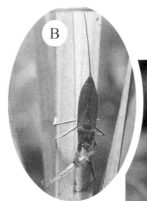

图8.7

淡水中生活的**蝎蝽**，是具有刺吸式口器的凶猛水生昆虫，图A是一只停息在浮叶上的蝎蝽。它的一对前足长而弯曲，适于捕捉小鱼、小虾以及蝌蚪等。许多地方因此称它为**水蝎子**。它的腹部末端有一根可通往水面的呼吸管。图B是蝎蝽正以刺吸式口器吸食它刚捕到的一只虾。

前足

A

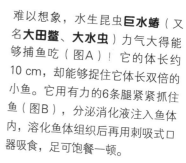

图8.8

难以想象，水生昆虫**巨水蝽**（又名**大田鳖、大水虫**）力气大得能够捕鱼吃（图A）！它的体长约10 cm，却能够捉住它体长双倍的小鱼。它用有力的6条腿紧紧抓住鱼（图B），分泌消化液注入鱼体内，溶化鱼体组织后再用刺吸式口器吸食，足可饱餐一顿。

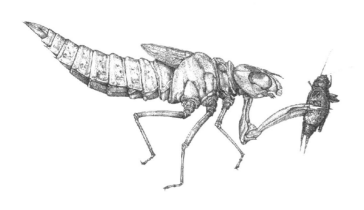

图8.10

图8.9

水虿是蜻蜓的幼虫，要在水里生活2～5年，经过十几次蜕皮逐渐长大，最后爬出水面羽化成蜻蜓飞走。水虿最爱吃蚊子幼虫，有时也捕食水蚤、蝌蚪和小鱼。每当猎物毫无警觉地游近水虿时，它便迅速用下唇前部发达的双钩（那不是前足）夹紧猎物，然后吃掉。这是水虿特有的捕猎方式。

有些植物种子外面包有坚硬的果壳，这是抗御昆虫取食的防护结构。但**栎实象甲**（又叫**橡子象鼻虫**）却有本领打开这种硬壳，它有个长而坚硬的"象鼻"（箭头所指），别说这虫子小、"象鼻"细，却能够钻通橡实的硬壳，巧妙地吃到里面营养丰富的果仁。

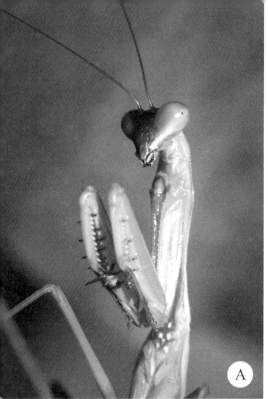

图8.11

螳螂准备捕猎时静静地待着，锐利的前足收拢在一起，装出一副面善心慈的模样（图A）。它能成小时地保持这种姿势不动，直到有一只傻傻的虫子朝它这个方向过来，它便闪电般迅速跃起，抓住这只虫子，美美地吃一顿。有时就连跑得很快的小蜥蜴也会被它捉住吃掉（图B）。

A

B

图8.12

穴蚁蛉的幼虫**蚁狮**（图A）很凶，有一套独特的捕食方法：它在沙地上旋转下钻，造成一个漏斗状"陷阱"，并用大颚弹抛沙子，使漏斗壁平滑顺溜（图B）。蚂蚁等昆虫如果不慎滑下陷阱，就被守候在沙陷阱底部的蚁狮捉住、吃掉。穴蚁蛉成虫腹部长，翅也长（图C），模样和幼虫半点也不像。

A

B

图8.13

水蜈蚣是中国长江流域淡水鱼塘常见的害虫,是鞘翅目水生昆虫**龙虱的幼虫**。其身体长圆柱形,头部有一对钳形大颚(图A),作用类似蜈蚣的毒螯,因而得名。水蜈蚣每天用这对大颚可捕食十几只小鱼虾,危害渔业。这种幼虫腹部末端的尾毛有呼吸功能,因此常倒悬于水面(图B)。

图8.14

虎甲虫幼虫有一对镰刀状上颚,是捕猎利器(图A)。它一出生便能挖洞穴居,并能挖成垂直洞道通向地面。细长灵活的胸足使它能在洞穴中进退自如,能到洞口等候猎物(图B),抓住后拖往穴底食用。在它的第五腹节背侧生有一对硬棘,必要时可用来顶住洞壁,以免身体被挣扎的猎物拉出洞外。

B

A

图8.15 有些种类**蚂蚁**喜爱甜食,工蚁除采集花蜜外,还会利用**蚜虫**取得蜜露。它们和蚜虫友好相处,照管、保护蚜虫,替蚜虫驱赶草蛉、食蚜蝇等天敌;蚜虫则以产出的蜜露供蚂蚁吃食和带回蚁巢。看!蚂蚁照管蚜虫有点像牧民放牧牛群,蚜虫的蜜露对于它们就像牛奶一样甜美。

71

9

昆虫的足 （Insect legs）

  成体昆虫的胸部都生有三对足，依据足着生的胸节（前胸、中胸、后胸）的位置分别称为前足、中足和后足。三对足的基本构造相似，都是由不同的"足节"组成的（图9.1）。

  足是用来运动和行走的。不过，许多种类昆虫的足由于长期适应不同用途，结构模式产生相应的变化，出现多样形态和不同功能的昆虫足。如果我们注意观察和比较，就能够区分昆虫的**步行足、跳跃足、挖掘足、捕捉足、游泳足、抱握足、携粉足和攀缘足**等不同类型，这些特殊类型的足都由基本结构足在长期适应环境过程中演变特化来。

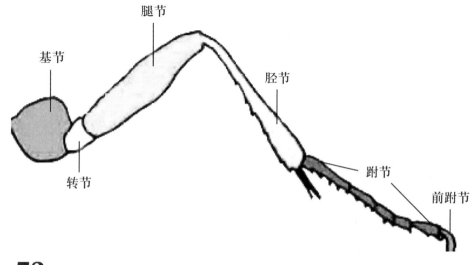

基节

腿节

胫节

转节

跗节

前跗节

图9.1

昆虫成虫胸部的三对足，简称**胸足**，基本结构和分节以及各节的名称是一致的。它们通常分为6节：基节粗短；转节短小；腿节强大，以关节与胫节相连；胫节细长，边缘有刺；跗节分1~5个亚节，常有跗垫；前跗节多衍化为爪。

步行足指能够快速行走的足，在昆虫中很常见，例如步行虫、瓢虫、金龟子、天牛等都具有步行足（图9.2）。

跳跃足指善于跳高跃远的一种足。蟋蟀、蝗虫、螽斯、跳蚤和跳甲等的后足（尤其腿节）特别发达和强壮，能够跳得很远（图9.3）。但跳虫能够轻松地不停地跳，是靠身上特殊的"弹跳器"。

挖掘足为一些挖土穴居昆虫所特有，例如蝼蛄和某些金龟子等的前足变异特化，成为适于挖土的类型。挖掘足形状扁平，粗短强壮，末端变宽呈手掌状，胫节边缘还长着坚硬的片状齿（图9.4）。

捕捉足最著名的例子是螳螂的一对前足，腿节和胫节上都有成排的硬刺，能够牢牢地夹住捕到的活动物。许多肉食性昆虫具有类似的捕捉足（图9.5、9.6和9.7）。

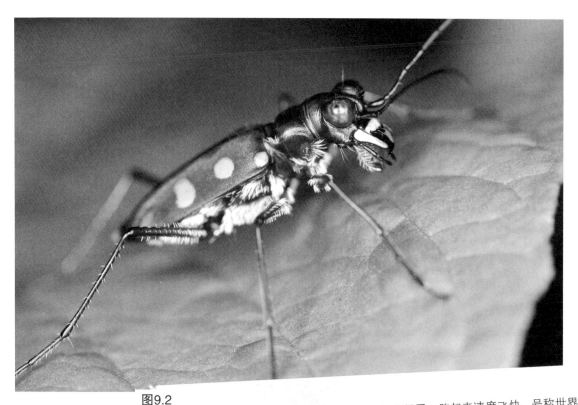

图9.2

图中这种**虎甲虫**，有6条细长灵活的超级**步行足**，跑起来速度飞快，号称世界上奔走最快的昆虫。它们白天多数时间在地面或叶片上追捕小昆虫，蝗虫、蝼蛄、蟋蟀、蚂蚁、蜘蛛等都是它们的捕食对象。巨大复眼能够快速聚焦，利于瞄准猎物。

73

图9.3

蟋蟀的后足（**跳跃足**）比它的前足和中足强大粗壮得多，肌肉丰满发达，轻轻一跳就能将身体弹出几十厘米远，这是它们逃脱敌害追捕的看家装备。蝗虫、螽斯、跳蚤以及蚤蝼等的后足也是典型跳跃足，它们的跳跃本领都很高强。

图9.4

蝼蛄善于挖洞穴居地下（图A），它们挖洞主要靠一对特化为适于挖掘的前足，这对**挖掘足**（图B）是蝼蛄用来挖土的"铲子"。不要小看这件小小的工具，有些种类蝼蛄用它挖土效率极高，竟能挖到地下1~2 m。有些地区的农田中蝼蛄太多，成为危害庄稼的地下害虫。

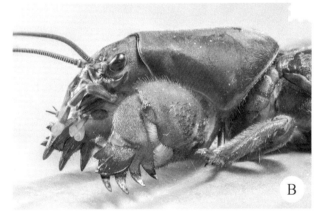

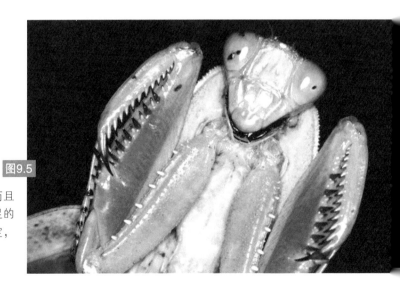

图9.5

螳螂的**一对捕捉足**（前足）样子像铡刀，不仅强壮有力，而且腿节的腹面有沟槽，胫节可折嵌于这道沟槽中。螳螂捕捉足的腿节和胫节都有成排的锐刺，足末端有利钩，一看便能断定，它们是专门捕捉、取食其他鲜活动物的行家里手。

图9.6

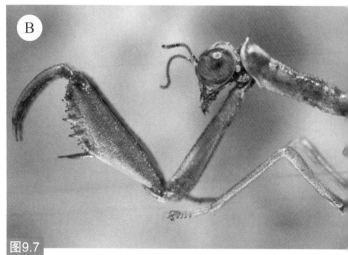

图9.7

这只强壮的**螳螂**用**捕捉足**紧紧夹住一只蝗虫（图A），同时用利颚撕咬猎物头部，开始大嚼大吃。蝗虫能飞善跳，还是被螳螂的突然袭击抓住了。至于"螳螂捕蝉"，根本不在话下（图B）。螳螂家族主要捕食害虫，是帮助人类进行生物防治虫害的同盟军。

这种外观有点像螳螂的昆虫名叫**螳蛉**（图A），它也有一对**捕捉足**（图B），这对足看起来似乎粗大厉害：胫节更粗壮，边缘带有尖长的刺状齿。不过，螳蛉整体没有螳螂那样健壮有力，它们捕获的猎物通常是个头小得多的蝇、蠓等小虫。

　　游泳足是水生生活的某些昆虫的后足发展演化而来的，是水生昆虫用来划水游泳的得力器官（见图9.8、9.9）。

　　抱握足通常为某些雄虫前足的变形特化，借以抱握雌虫，使交配顺利完成（见图9.10）。

　　携粉足为蜜蜂家族所特有。蜜蜂从早到晚，穿梭飞行在花丛中，不停地采集花粉和花蜜，它们要把大部分花粉和花蜜带回蜂巢，用什么携带更快速有效呢？携粉足就是蜜蜂的一对宽扁后足，边缘长有密集成排的长毛，是专门用来携带花粉花蜜的（图9.11、9.12）。

　　攀缘足为一些寄生昆虫所有，特点是足的各节都比较粗短，胫节端部有一指状突，与跗节及弯爪状的前跗节构成一个钳状构造，能牢牢夹住人、畜的毛发，安然地寄生在人、畜的身上（图9.13）。

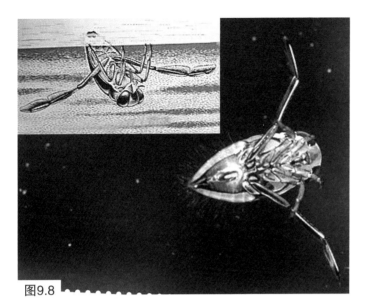

图9.8

仰泳蝽的生活方式很特别，大部分时间背部朝下仰躺在水面游泳和捕食，因此得名仰泳蝽。仰泳蝽具有船形躯体，配合那对长而宽扁的游泳足（后足），外观看起来像一架赛艇。它的身体很轻，在水下一放开足部抓住的水草，身体立即浮上水面。

图9.9

水龟虫（又叫**豉甲虫**）虫体呈流线型，鞘翅油光铮亮，适于游泳和潜水。图A显示聚在水面的一堆水龟虫，其背部中央显著隆起。图B显示一只放大的水龟虫腹面，它的后足又宽又扁，边缘生有成排的长毛，这是一对作用如同船桨的游泳足。

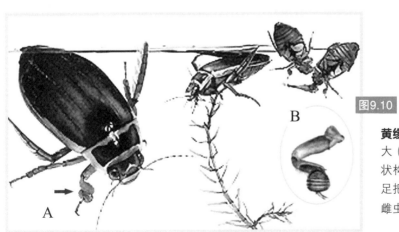

图9.10

黄缘龙虱雄虫的前足形态奇特，跗节特别膨大（图A箭头所指），上面密布绒毛和吸盘状构造，吸附力强（图B），雄虫就用这对足把持住水中的雌龙虱光滑的鞘翅，并爬上雌虫体背交尾。这种足因此被称为**抱握足**。

图9.11

蜜蜂后足腿节格外膨大，外侧有一条凹槽，周围长着又长又密的绒毛，就像个小篮子，是蜜蜂专门用来携带花粉的，特称"花粉篮"或"花粉筐"，因此，蜜蜂后足特称**携粉足**。胫节上有成排的毛，如同刷子，称为"花粉刷"，用来收集、聚拢花粉。图中蜜蜂的花粉篮里已收集到成团花粉。

图9.12

蜜蜂从花丛中采得花粉和花蜜后，就用胫节的"花粉刷"把花粉收集在"花粉筐"中，用足压实并用花蜜将花粉粘结成球状花粉团，每只**携粉足**每次能够带一大团花粉返回蜂巢。

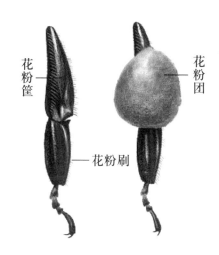

花粉筐

花粉团

花粉刷

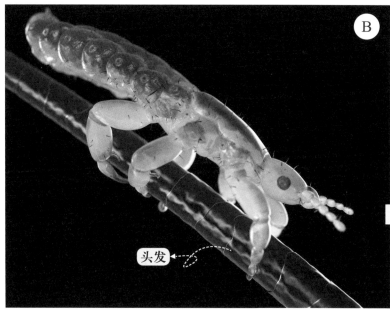

B

头发

A

图9.13

头虱是生活于人体头发的寄生昆虫，身体很小，翅退化，前足、中足和后足均演变为钳形**攀缘足**（图A）。头虱就用这些钳形足爪紧紧钩住寄主的头发（图B），长期寄生在寄主头上，吸取寄主的血液为生，还能在寄主头发上大批量生育后代。

10

昆虫的翅 （Insect wings）

昆虫是动物界第一批离开水到陆地生活的类群，也是地球上第一批具有翅、能够升空飞行的动物。**翅是昆虫的"飞行器"**。科学家根据化石推测，早在3亿年前，某些原始昆虫的身体已出现翅，从而使无脊椎动物昆虫，成了**地球上最早的"飞行家"**。

有翅使昆虫极大地扩大了活动范围，对昆虫寻找食物、寻求配偶和生殖后代、逃避敌害等生命活动以及进化都有重大意义。

绝大多数昆虫成虫具有两对翅，生长在中胸的叫"前翅"，生长在后胸的叫"后翅"。昆虫的翅与其他飞行动物的翅膀没有共同之处。鸟类和蝙蝠的翅膀里有骨骼，翅膀外面覆盖有羽毛或皮肤，使翅膀坚固结实；与此不同，昆虫翅只有两层薄薄的膜质表皮构造，以空心的翅脉连在一起。成长期的昆虫翅有血管及神经，随着虫体发育，血管、神经等大多消失，只留气管贯穿其中，形成坚实而隆起的"翅脉"，翅脉增加了昆虫翅的强度。

昆虫的两对翅动作能够协调一致，十分有效地飞行，除了有强大的飞行肌肉控制外，还和前后翅之间具有小巧的"连锁器"密切相关。所谓连锁器，就是后翅前缘向上卷折，或具有翅钩列，或另生有一根硬鬃，与前翅后缘向下的卷褶钩合，使前后翅连锁在一起，例如天蚕蛾的翅。

许多种类昆虫两对翅的形态和质地有所不同。例如甲虫、蝗虫、蟋蟀等的前翅较小，骨化成鞘翅或革质翅；而后翅较大，为膜质翅。坚硬的鞘翅或结实的革质前翅不适于飞行，主要起保护身体及后翅的功用。

由于有翅脉的支持，昆虫翅相当耐用，例如有些蝶类的翅虽然薄得像一张纸，却能够远飞超过数千米。

　　有些种类昆虫前翅和后翅都能用来飞行，如蜻蜓、蜉蝣。有些种类只用一对后翅飞行，如鞘翅目甲虫和直翅目蝗虫。也有的飞行时以一对后翅为主，前翅对飞行仅起辅助作用。有些种类昆虫看上去只有一对翅，实则一对后翅退化为平衡棒，如苍蝇。有些种类外观看起来完全没有翅，例如寄生生活的虱子、跳蚤、臭虫等，这是适应寄生生活而翅退化的缘故，如果用放大镜仔细观察这类昆虫的有关部位，仍会找到原来生成两对翅的残余痕迹。

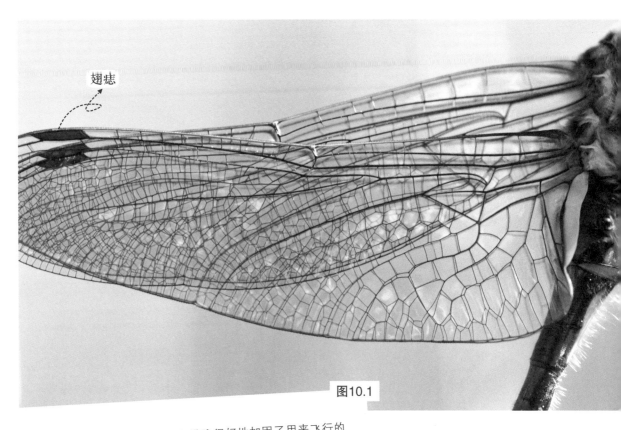

翅痣

图10.1

图中是一种**蜻蜓翅**的翅脉，密密麻麻的纵脉和横脉很好地加固了用来飞行的翅。同一种昆虫翅的形态及翅脉的结构特征（即脉相）相同，不同种昆虫脉相各不相同。有经验的昆虫学家拿到一片翅，就能识别出它属于哪一类昆虫。

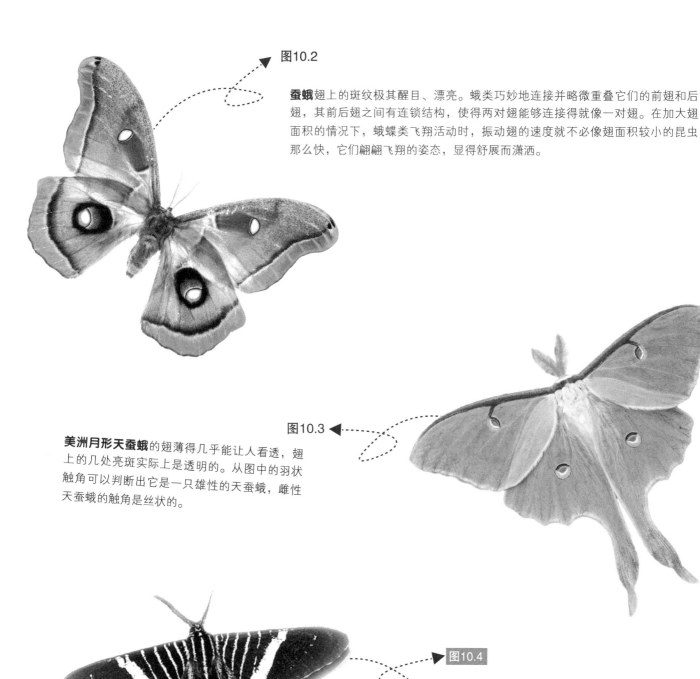

图10.2

蚕蛾翅上的斑纹极其醒目、漂亮。蛾类巧妙地连接并略微重叠它们的前翅和后翅，其前后翅之间有连锁结构，使得两对翅能够连接得就像一对翅。在加大翅面积的情况下，蛾蝶类飞翔活动时，振动翅的速度就不必像翅面积较小的昆虫那么快，它们翩翩飞翔的姿态，显得舒展而潇洒。

图10.3

美洲月形天蚕蛾的翅薄得几乎能让人看透，翅上的几处亮斑实际上是透明的。从图中的羽状触角可以判断出它是一只雄性的天蚕蛾，雌性天蚕蛾的触角是丝状的。

图10.4

蛾类和蝶类属于鳞翅类，它们的翅上覆盖着成千上万重叠排列的细小鳞片，"鳞翅"代表这类昆虫的主要特征，鳞片给予蛾、蝶类美艳绝伦的色彩。图中**燕蛾**翅上有数千片彩色鳞片，组成了极其鲜明而雅致的图案。如果没有鳞片，就会露出透明的翅来。

80

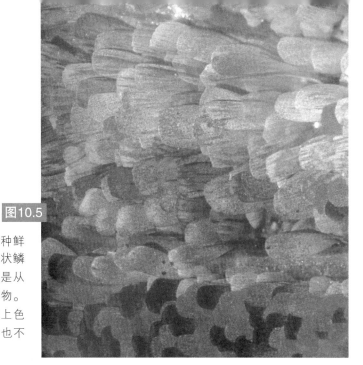

图10.5

蛾类和蝶类的粉状鳞片构成了各种鲜艳夺目的彩色图案。鳞翅上的粉状鳞片并不是浮在翅面上的细粉，而是从翅膜上生出来的体毛的一种变形物。图中为高倍数放大的一种蝶类翅上色彩斑斓的鳞片。鳞片不能修复，也不能重新生长。

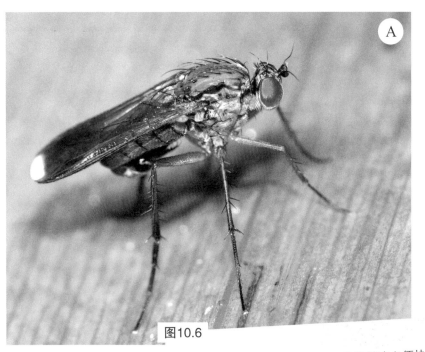

A

图10.6

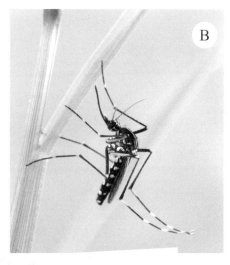

B

长腿蝇（图A）的翅比较小，它能够也必须快速振动翅，才能使自己停留在空中。这种蝇类每秒振翅200次。体形及翅更小的**白纹伊蚊**（图B）在空中飞翔时，每秒振翅达到550次。而有些体形特别小的昆虫，每秒振翅竟能接近1000次。

81

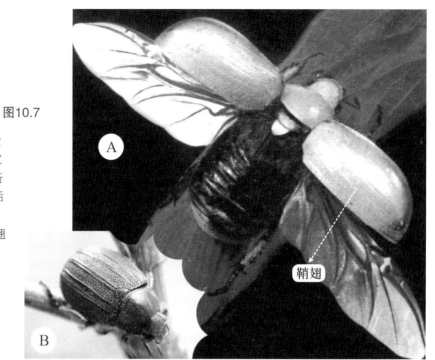

图10.7

金龟子的前翅是质地坚硬的鞘翅，它的鞘翅不能用来飞翔，飞行靠那对宽大而可折叠的后翅。当它准备飞行时，先张开、抬起前翅，接着展开后翅（图A）；停息不飞时收拢双翅，坚硬的鞘翅盖住并保护柔软的后翅（图B）。

鞘翅

A

B

有些种类的**螽斯**，虽然前翅革质化，但成体的后翅发达，还具有长长的后足，所以它们既能够飞行，也善于跳跃。这类螽斯有时腾空而起，同时张开宽大的后翅，让风带动它滑翔前行。当然螽斯并不经常这样乘风飞驶，它们完全可以振翅飞翔很远的距离。

图10.8

图10.9

大多数种类的昆虫停息时，会收拢它们的双翅，免得自己的"飞行器"遭受意外损伤。而有些种类的昆虫，例如这种**蓝色小蜻蜓**，即使停息在枝叶上，它的双翅也不能完全收拢，这是因为它属于原始有翅类昆虫，翅的构造还比较原始。

82

11

昆虫的运动 （The movements of insects）

　　昆虫的运动能力和运动方式主要取决于足的类型及翅的形状和大小，也和身体结构密切有关。

　　大多数昆虫运动的快速和敏捷令人惊异，相比于它们身体的大小，昆虫比其他动物能够跑得更快、爬得更高、跳得更远和飞得更好。

　　凡事不能一概而论，只有少数种类昆虫是全能"运动员"，几门运动技艺都掌握得很好。多数种类昆虫专长一门运动：例如有些种类能从一株植物飞到另一株去，捕获鲜活猎物或逃脱天敌追捕；有些种类虽然飞得不快，却是特别快速的步行者或者异常敏捷的攀爬者；有些昆虫具有超强的爬行能力，不仅能在水平物体表面运动自如，在垂直物体的表面甚至倒挂在顶壁上也能快速移动；许多在灌木中生活的昆虫是优秀的跳跃者，它们能够在长满荆棘和尖刺的灌丛中迅速蹦跳，植物的棘刺保护了它们，天敌（包括人类）很难接近它们；大多数水中生活的昆虫能够潜水和游泳；极少数种类水膜昆虫能够在静水水面张力形成的水膜上快速滑行。

　　大多数种类昆虫能够展翅在空中自由飞翔，它们的翅膀还能够像鸟的翅膀一样上下拍动或倾斜转动，停息时双翅收拢折叠起来。小小昆虫飞行本领的确高超，翅在飞行时的运动非常复杂。科学家发现，一般翅型狭长、翅转动幅度较大的种类飞行较快。昆虫的飞行速度主要取决于振翅频率。有些昆虫振翅频率之高，令人难以想象，例如蠓虫每秒振翅频率高达1000次左右；蜜蜂每秒振翅180～203次；就连振翅频率较低的凤蝶，每秒也有5～9次。昆虫飞行的时速差别很大：飞行较慢的甲虫时速8 km；蝶类和蜂类时速10～20 km；蜻蜓和天蛾时速可超过40 km，是优秀飞行者。

83

昆虫的三对足是如何协调行走的呢？科学家用步行甲做试验，观察到它们是以"三角形支架"式交替前行的，即胸部一侧的前、后足和另一侧的中足组成一个"三角形支架"，与另一组"支架"轮换起步、不断前行，虫体即能快步疾走了。昆虫中的"竞走冠军"蟑螂奔跑时速竟达3000 m，这是多么惊人的速度！当然，也有许多种类昆虫的足已特化变形，不适于行走，而适应于其他用途。

　　和人类肌肉有生理极限的情况不同，**昆虫肌肉几乎永不疲劳**。一只昆虫只要能得到足够的食物，便能够整天不间断地行走或飞行，而人类则不能，因为人的肌肉不能快速得到足够的氧气供应便会疲劳。昆虫直接通过体侧的许多小气孔吸收氧气，所消耗的氧气能够及时得到补充。

图11.1

　　双翅类**食蚜蝇**的幼虫偏爱捕食蚜虫，因此得名食蚜蝇。它的成虫（图A）飞翔力极强，常飞舞于花间草丛取食花粉，振翅速度极快，因此能够成小时地悬停在空中，可以特称之为"停空定飞"。小小食蚜蝇高超的飞行本领，几乎能和现代直升机（图B）相媲美。

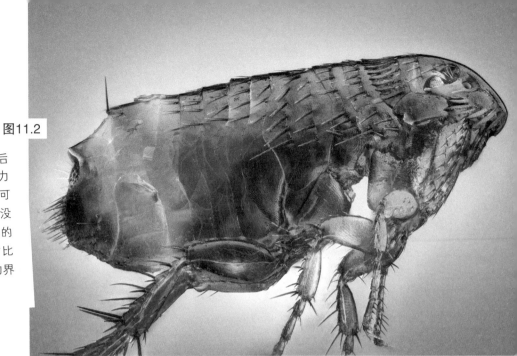

图11.2

寄生生活的**跳蚤**双翅退化，但它的后足腿节有强大的肌肉给予跳跃的力量，这种微型昆虫一次弹跳距离竟可达20 cm高和40 cm远。相对来说，没有别的动物包括人类有此能力。人的一跳须达到157 m高和270 m远才比得上它。因此，跳蚤被公认为动物界的"跳高冠军"。

图11.3

长喙天蛾能极快振动双翅，使身体悬停空中，并用口器的一根超长喙管（箭头所指）稳稳地吮吸花蜜。无论外形和习性它都容易被人误认为蜂鸟，因此又名**蜂鸟天蛾**。它有一对像蝶类那样末端膨大的触角，也像蝶类在白天活动。它飞行时像蜜蜂一样发出嗡嗡声，但实际上它是蛾类。

图11.4

近年英国科学家研究确认，**沫蝉**也是昆虫世界的跳高健将。它的后腿肌肉丰满，就像弹弓能在瞬间释放出储存在内部的巨大能量，沫蝉一跳的最高纪录达70 cm，相当于一个中等身高的人一跃跳上一座210 m高的摩天大楼。

图11.5

龙虱就像潜水员，潜入水下时自带空气装备——气泡，用来保障水下呼吸。与人类潜水者不同的是，它们把气泡带在身体的后部，气泡可与该虫体侧的气孔相接，气泡内氧气的补给直接来自水里的溶解氧，使用起来很是方便。

图11.6

通常昆虫很小，不能远飞。例外的是，**美洲王蝶成虫**能像候鸟一样长距离迁移。墨西哥政府发行了这种蝶类的邮票，使得其集群迁飞的特殊习性家喻户晓。科学家应用雷达研究得知：昆虫迁飞不像尘粒或孢子那样在空中随风飘荡，而是主动乘风运行。沙漠蝗、东亚飞蝗、某些夜蛾也能远距离迁飞。

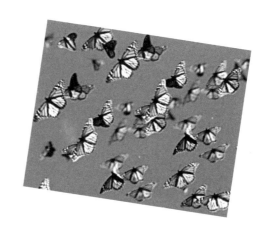

图11.7

每年10月底千万只**美洲王蝶成虫**从美国和加拿大向南飞往墨西哥、古巴等温暖地区过冬，到了来年3月再成群飞回北方生活，迁飞距离单程就远达4800 km。它们每年聚群、定向按时的往返迁飞，表现出这种昆虫对大气环境（风、温度、湿度）无与伦比的高度适应和选择能力。图为迁飞中的王蝶群。

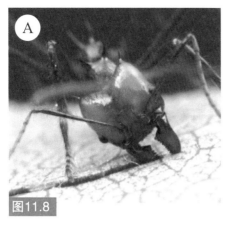

图11.8

切叶蚁群培植蘑菇喂养幼蚁，它们需要树叶作为养殖蘑菇的培养基。小小工蚁每天要爬到几十米高的树上，用口器切下一块树叶（图A），然后带下树（图B）并爬回地下窝巢。每只工蚁每次切下的叶片重量相当于其自身的体重。人类不可能每天攀登一次珠穆朗玛峰再背一个人下山，切叶蚁工蚁却能。

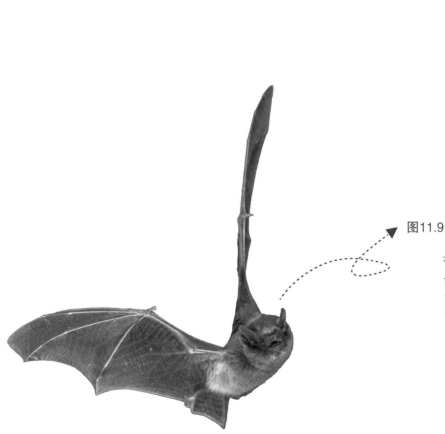

图11.9

有些蛾类具有生死攸关的"反捕猎"能力。当**夜蛾**侦听到蝙蝠飞过来的超声信号，为了闪避**食虫蝙蝠**的追捕，它们立即施展其最高超的飞行技巧，以极快的速度飞行并敏捷地改变方向，使捕食者一次次扑空。夜蛾在一分钟内能够飞行上百圈。

图11.10

虎甲虫是十分漂亮的甲虫，也是出了名的强悍凶猛的掠食性昆虫。它之所以善于捕猎，除了具备一双视力极佳的大眼和一副如同钳子的大颚外，更主要的是它有6条天生的长腿，奔跑速度每秒可达2.5 m，快如闪电，被公认为陆地奔跑最快的昆虫。只要被它瞄上的猎物，它都能追到。

图11.11

昆虫骨骼

人的骨骼

高等动物包括人类的骨骼生长在体内，但昆虫不同，骨骼包在体外，因此，我们称昆虫的骨骼为**外骨骼**。昆虫体内有支撑身体的肌肉，外骨骼和肌肉一起形成保护昆虫的"盔甲"，同时支持和掌控昆虫的运动。

12

昆虫的色彩防御 （Insect camouflage）

在昆虫世界中人们可以找到各种颜色，有些昆虫显示出难以置信的绚丽色彩。但你千万不要认为，昆虫如此多彩多姿是为了给人类欣赏的。昆虫家族的地质年龄比人类古老得多，人类是生命世界中最年轻的家族，出现在地球上顶多才300万年，而昆虫家族成员早在3亿5000万年前就生活在地球上了。

实际上，昆虫在利用色彩方面，至少可以分为两种不同的生存类型：一是以体色隐蔽保护自身，安全地隐身在栖息环境中；二是以鲜明的色彩警告天敌"本虫在此，奇臭难吃！"或"本虫有毒，千万莫吃！"此外，许多种类昆虫翅上具有"眼斑"，显示出色彩与拟态双重防御。

对于体形小巧的昆虫来说，**色彩是有关生存的大问题**。自然界中动物为求生存，体色与环境的色彩相仿，借以瞒骗敌方，躲避或逃脱敌害，这种适应就称为**保护色**。例如，荒漠昆虫身体呈淡色或沙土色；大多数栖居在树冠层或草灌丛的昆虫，体表呈现与背景色调一致的绿色。许多动物身体各部分浓淡不一的颜色能够产生一种光学效果，可使捕食者产生错觉以免遭捕食。保护色属于隐蔽的防御方法，在生存竞争中是普遍常见的自卫方式。对于昆虫种族的生存有很高的价值。

并非所有昆虫都靠保护色求生，有些种类昆虫演化另一类色彩来适应环境和求得生存。这类昆虫体表的颜色和斑纹五颜六色、鲜艳夺目，突出表现对天敌的警示作用，这就是**警戒色**。具有警戒色的昆虫（成虫或幼虫）体内常生成并存贮恶臭成分或有毒物质，鲜明的警戒色就像在发表公告："我很臭，不好吃！"或"我有毒，别找麻烦！"这样使无经验的天敌因"惊疑效应"而退却，也使吃过一次的食虫动物记忆维持得更长久，下一次不至于再误吃了它。

图12.1

图中这种**绿色甲虫**身体柔弱，并无御敌的棘刺或毒刺，但它白天大胆地停留在叶面上，依仗全身翠绿的体色，融入绿叶丛中。保护色使它得以平安过日子。

图12.2

一只灰褐色的**夜蛾**，在危机四伏的白天把身体平贴在与其体色近似的大树树干上，一动也不动，它的体色和它停息处树皮的色调混为一体，可以掩护它安全度过白天，等到夜幕降临后它才安然地四处活动。

90

图12.3

螳螂种类很多，全球超过2000种，多数种类以绿色、褐色为主，也有少数粉红及具有花斑的种类。图A、B、C是分别藏身绿色、棕色及红色枝叶中的螳螂，它们各自的体色与所栖息环境的色调融合，能很好地隐身，保护自己。环境色调多种多样，螳螂的保护色也相应地多样化。

图12.4

成群的七星瓢虫以亮丽的鲜红色彩（警戒色）警告捕食者："不好吃！别来吃！"这种瓢虫的味道奇臭，食虫鸟类或肉食性昆虫尝试过一次就记住了。瓢虫聚成一大堆更加强了"警戒色"的威力。

91

图12.5

有些毛虫除了色彩鲜艳外，体表还布满超长和分枝成丛的棘刺，更增强了"警戒"的效果。**刺蛾幼虫**全身鲜明的红斑和明黄色超强棘刺，等于在发表公告："本虫遍体有毒刺，别来碰！别想吃！"这副模样足以吓退食虫鸟儿。

图12.6

有些种类毛虫行动缓慢，身体柔软，没有多大抗争能力。**二尾舟蛾**的毛虫却另有一套御敌招数：这种毛虫平时模样还算和气，一旦遭受威胁，立即露出通红的头面部，并高高跷起尾部，突发的一副狰狞可怖的嘴脸，恐吓作用相当强烈。

图12.7

图中两种**蝽类**家族成员：（图A）角盾蝽，（图B）红蝽，通体如同彩绘一样靓丽，能够引起食虫动物的警觉，是极其醒目的警戒色。这些蝽类之所以敢四处招摇，是因为它们与其家族成员臭蝽（臭大姐）一样，体内也有能分泌臭液的臭腺，臭液在空气中挥发出恶臭气味，让掠食者大倒胃口，放弃捕食它们。

92

有些蛾、蝶和毛虫的身上有像兽类眼睛一样的斑纹，称为"眼斑"。蛾蝶类成虫的眼斑在前翅或后翅上。有些天蛾幼虫的眼斑在身体前部，就像一对"大眼睛"。有些毛虫的眼斑隐在皮肤褶中，平时并不显现，只在受到威胁时才会突然显露。有的眼斑在腹部下方，要显露时翻转身体就行了。这类有眼斑的昆虫依靠极为张扬的色斑标志造成超常的色彩刺激，能够吓退一部分捕食者，或者可以转移捕食者的视线，从而让抓捕落空，自身得以逃过一劫。

　　保护色、警戒色和眼斑，都属于昆虫的色彩防御，而昆虫色彩的产生和演化，与装饰和美化无关，完全是动物界生存竞争、适应环境的结果。

图12.8

眼斑鹰蛾类可以做到双重保护。首先，当它收拢起后翅，前翅及身体颜色与停息树木的色调融和，天敌难以发现它；然后，一旦展开后翅，"眼斑"便突然显露，后翅鲜明的色彩加上黑白突出的眼斑，会使天敌吓一跳，蛾子得以趁机飞逃而去。

图12.9

柑桔凤蝶（燕尾蝶）幼虫成长过程中，身体变化明显。低龄幼虫体色黑白相混，拟态鸟粪的形状（图A）。高龄幼虫身体变成黄绿色，还出现一对大眼斑，就像一条树蛇的头部（图B）。这副模样在绿叶间爬行，足以使食虫鸟类望而却步。

图12.10

有些**蛾类**（图A）及**蝶类**（图B）翅上有成对的又圆又大的**"眼斑"**，还闪闪发亮。眼斑突然显露，肯定会使来犯者惊疑不定，甚至吓一跳。根据有关研究，遇到敌害危急时，有眼斑的昆虫比没有眼斑也无其他保护装备的虫子逃脱的机会更多。

图12.11

某些蝶类还能以眼斑造成拟态效果。例如产在中、南美洲的大型蝶类**猫头鹰蝶**，整个翅面样子酷似一张瞪大眼睛的猫头鹰脸，它们巨大的眼斑镶嵌在展开时像鸟头的后翅上，天敌见了会因惊疑而避开。

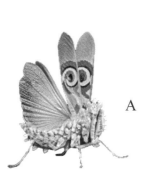

A

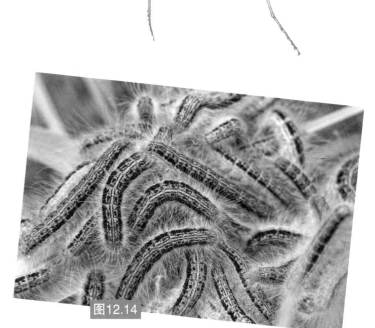

B

图12.12

可能眼斑对于昆虫平安度日确实有益。看，有眼斑的昆虫并不限于蛾类和蝶类，图中这种非洲产**刺花螳螂**（图A），前翅上也有类似"眼斑"的花纹，不过它的眼斑立体感不强。中国新疆出产的**云芝虹螳**（图B）的黑色眼斑在后翅上。

图12.13

硕蝽和其他蝽类一样，体内也有臭腺，气味同样恶臭难闻，捕食者吃到它，实在难以下咽。硕蝽以艳丽的体色警示天敌："别吃本虫，吃了恶心！"此外，它的背上还带着一副彩色"小面具"，其作用是否类似"眼斑"，人们尚未确知。

图12.14

一条毛虫和一堆毛虫给人的视觉感受是不一样的，何况这是一窝**毒蛾**的毛虫。它们以通身鲜明的色斑警告捕食者，满身的毒毛也有阻挡掠食者捕食的保护作用。这样的毛虫群聚一起，可加剧天敌触目惊心的感觉，使毛虫免遭被捕食的命运。

13

昆虫的拟态防御 （Insect mimicry）

　　什么是拟态？昆虫拟态是指某些种类昆虫的外形、体色、斑纹及体态与周围自然环境相融合，与栖息环境中的动物、植物或是地景地物很相似，例如模拟其他种类昆虫、植物叶片、树枝、树皮、砂土、岩石或他种动物，甚至鸟粪、虫屎等，也就是模拟成为无法食用或有毒不可吃的东西。可以说，昆虫以形态模拟作为对策蒙骗天敌，避免受害被吃，达到保护自己的目的，这就是拟态防御。

　　相对于上一讲说到的"保护色"，拟态可以说是"保护形"。这类形态适应在昆虫中同样很常见。拟态防御使得小小昆虫在大千世界中能够有效地保护自己，求得生存。

　　必须指出，某些拟态者本身是捕食性昆虫，它们发展拟态，一方面可以保护自己，免受更凶猛掠食者的捕食；另一方面能够隐蔽自己、等待时机，突然袭击从而顺利捕获猎物。捕食性昆虫的这类拟态属于**攻击性拟态**。例如兰花螳螂、苔藓螳螂等。

　　许多种类动物具有拟态或伪装的特点，昆虫表现得尤其出色。拟态和伪装有什么区别？拟态是昆虫本身的形体结构发生变化，是拟态昆虫和所处环境协同演化，也即某种昆虫长期顺应某一特定环境的结果。所谓伪装，是指动物利用某些外来物将自己装扮或隐藏起来，同样能够达到保护自身的目的。研究指出，伪装是让天敌无法察觉，而拟态则让天敌认错对象，发生误判。拟态是动物长期进化的结果，而伪装是可以随时随地进行的。拟态和伪装的作用都是隐身保命。

图13.1

叶形螽斯（图A）全身翠绿色，隐身在树叶丛中；**纺织娘**（图B）是一种大型螽斯，它隐身在木薯树的嫩枝和绿叶之间。它们的体色和身形与各自身边的绿叶都十分相仿，翅脉的样式与叶脉也很相似。它们都具有保护色和保护形双重防护。

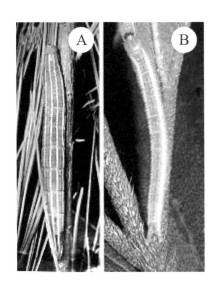

图13.2

趴在松树嫩枝上的**松天牛幼虫**（图A），背上纵贯头尾的绿色和黄绿色相间的条纹及色彩，使虫体看起来很像旁边松树的针叶。**夜蛾幼虫**（图B）的身形与色泽同样像极了它所栖身植物的茎叶。这两类毛虫的拟态同样兼具奇妙的保护色和保护形。

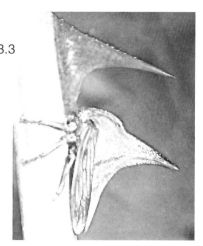

图13.3

图中一只**角蝉**选择停息的位置，恰好在玫瑰枝条的粗大枝刺下方。它以自身的形态及外表的色泽，拟态它上方一根真正的玫瑰棘刺，达到惟妙惟肖的程度。它停在那儿静止不动，从空中飞过的鸟儿和其他天敌是很难发现它的。

图13.4

图中紧贴在树干上休息的一种**蛱蝶**，体色及全身斑纹和它停靠处的树皮几乎融为一体。实际上，它是在那里吸食树干分泌出的甜蜜汁液，在安全隐身的同时从容取食。

图13.5

竹节虫是素食者，很多种类是全球闻名的拟态大师。大多数种类竹节虫拟态竹枝、树枝或干枝条，统称**枝状竹节虫**，又叫"**棍虫**"或"**棒虫**"。图中两只竹节虫的身体呈黄绿色，头部小，前胸短小，中、后胸极长，3对足细长。它们选择合适的树枝停息，其拟态达到以假乱真、出神入化的地步。

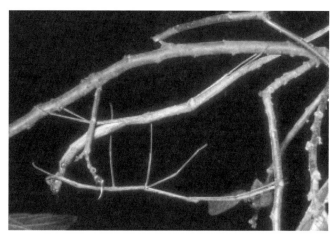

图13.6

少数种类竹节虫拟态树木叶片，身体呈宽扁叶片状，统称叶状竹节虫。它们有的全身各部分都酷似叶片，翅上的斑纹也像叶脉（图A）；有的看上去像被虫咬过的败叶；也有的拟态嫩叶，其鲜嫩真如一片幼叶（图B）。它们白天静伏树叶上，晚上取食身边的树叶。如此逼真的拟态，实在令人叹为观止！

图13.7

红花丛中不是一片"枯叶"，而是一只世界闻名的拟态名虫——**枯叶蝶**（图A）。它停息时双翅合拢，翅的腹面朝外，形状和颜色都酷似一片泛红的枯叶。当它双翅展开时，背面的色泽和斑纹也像枯叶（图B）。枯叶蝶是食腐蛱蝶，遭遇天敌时似落叶般无规则飞行落入枯叶堆中，静止不动便有隐身奇效。

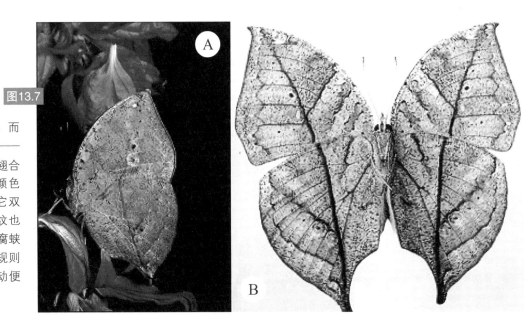

图13.8

乍一看，图中好像一共有5片干枯卷起的"榆树叶"，注意分辨就会发现其中有两只活生生的**榆叶四角天蛾**，它们与中间的3片枯叶多么相似。生境中干枯的榆树叶片越多，这种拟态效果就越好。

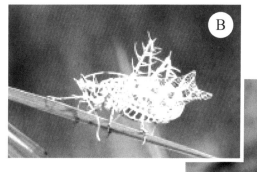

图13.9

蝗虫和螽斯类的拟态很常见。一只体色黑白相间的**蝗虫**，与它停息处周围岩石的色泽和形状相仿（图A）。南美洲热带雨林中的**苔藓螽斯**（图B），拟态苔藓达到极致。拟态现象与昆虫当时所处的运动状态有关，拟态昆虫通常在静止状态下才具隐身效果，一旦走动或飞起来，拟态也就消失了。

图13.10

尽管**螳螂**是具有强人捕捉足和锐利口器的掠食者，许多种类还演化出多种多样的拟态，使自身融入周围植物的枝条、叶<u>丛</u>或树皮中，这种拟态既能隐蔽保护自身，还能埋伏突袭猎物，使捕食更高效，让猎物难以察觉、无所遁逃。图A螳螂拟态向日葵叶片，图B拟态干枯枝叶。

图13.11

生活在东亚热带雨林的**兰花螳螂**（图A），是世界上最美的昆虫之一，呈现十分完美而独特的拟态，全身好像盛开兰花的花蕾或花瓣（图B）。它们并非总是停留在兰花上，而是更喜欢在绿色草灌丛中模拟花朵，其形态、色泽都极像花朵，比真花更大更明亮，这种极致的拟态使它们成为高效率伏击猎手。

101

保护色、警戒色、拟态等都是昆虫自我保护、防御敌害的不同形式。很多动物都显示拟态适应，昆虫的拟态尤其普遍、奇特而耐人寻味。可能凶猛肉食性的和有毒刺或有螯针的昆虫生存机会更多，因此，自然界中就有某些非肉食性的无毒无臭味的昆虫拟态捕食性的或有毒刺的种类，其中著名的例子如食蚜蝇拟态野蜜蜂，螳蛉拟态黄蜂（图13.12、13.13）。

昆虫生活史的不同阶段——卵、幼虫、蛹和成虫期，也即昆虫发育的不同虫态，都可能形成保护色、警戒色和拟态。昆虫生活史每个阶段都需要在生存竞争中求得胜算，才能保障种族的生存和繁衍。

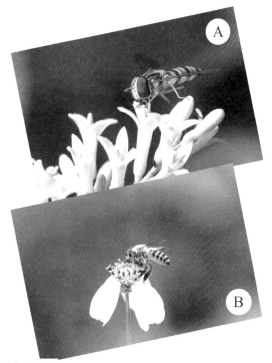

图13.12

没有毒刺的**食蚜蝇**（图A）身体的斑纹及色彩像极了有毒刺的**野蜜蜂**（图B），它的腹部也有形状像毒针的附器，它把腹部弯来扭去，就像它真有毒刺似的。食蚜蝇和野蜜蜂同季节在同一地区采花吃蜜，没有经验的食虫鸟儿分不清它们到底谁是谁，见了都会赶快避开。

图13.13

螳蛉（图A）腹部末端并无毒刺，没有攻击性，但它的相貌很像凶猛的具有强毒刺的**黄蜂**（图B），这种真假难辨的拟态，使天敌误以为它们都是很厉害的有毒刺的家伙，一见到这种样子的昆虫来了，就赶快避开，螳蛉因而得以免遭致命的攻击。

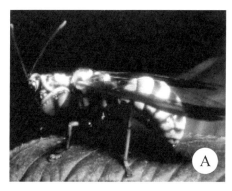

图13.14

图中这片叶子上，那些黄色小颗粒，有些是一种**蛾子产的卵**，有些是植物叶片上分泌积累的糖粒，它们的颜色、大小和排列，让那些专爱吃虫卵的小动物分辨不清。虫卵拟态糖粒，可使虫卵被天敌吃掉的概率大大减小。

图13.15

绿叶上一只出生不久的**花椒凤蝶幼虫**，形状和颜色看上去简直就是一坨"鸟粪"。这种拟态同样可以骗过食虫鸟儿等掠食动物，保障幼虫的生存。如果注意观察，可以看到这只幼虫腹部的多对腹足。

图13.16

昆虫的蛹通常是不能动的，大多数幼虫会寻找安全的适宜场所化蛹。尽管昆虫蛹有外皮或外壳的保护，有些蛹还是演化了保护色和拟态，给自己的安全发育双保险。瞧！图中这只**柑橘凤蝶的蛹**，看起来就像一块没有生命不能吃的"枯树疙瘩"。

图13.17

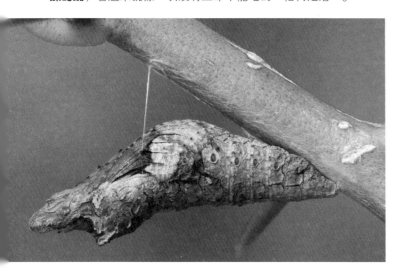

尺蠖蛾的幼虫，表现出对它栖身的嫩枝极成功的拟态，借此骗过可能发现并吃掉它的食虫鸟类。这种幼虫有时还会吐出一条丝，将虫体游离的头端与树枝牵连起来（右上图），使它那个姿势能够静止不动地维持很长的时间。

103

14

昆虫的化学武器 （Insect chemical defense）

依据科学家的考证，早在一亿多年前，昆虫家族某些成员的体内就已出现了化学"武器"。昆虫化学武器包括两个方面：一些捕食性昆虫，用体内产生的特有的化学毒液麻痹或杀死猎物，以保证和提高捕猎效率；另一些非捕食性昆虫通过喷洒刺激性的、黏性的或有毒物质来抗御敌方，得以在争斗中取胜或逃生。可以说，在昆虫家族中化学武器早就成为某些种类克敌制胜或防身自卫的法宝。

昆虫的化学武器形形色色、各种各样。在使用化学武器的高手中，炮甲虫发射出的化学毒雾最令人称奇，不但能击退来犯之敌，还能让沾上毒剂的敌方留下"后遗症"。有一种白蚁的兵蚁，头壳极度向前伸突延长，形成象鼻状结构，遇敌紧急时，能分泌出有毒物质，洒在敌方的表皮上，毒物迅速穿透角质层进入天敌体内，致使敌方麻痹而丧失战斗力。许多种昆虫（例如步行虫、瓢虫、臭蝽）能分泌和释放出奇臭难闻的特殊液体或气味，使强敌闻而退避，借以脱离险境。红火蚁及子弹蚁等蚂蚁类，唾液或尾刺中含有毒素，如果几十只至几百只一起叮咬和螫刺，被叮刺者会感到剧烈疼痛，甚至遭受严重伤害。有一种螟蛾幼虫寄居在白蚁巢内，这种幼虫赖以生存的法宝是一种进攻性化学物质，毒性很强，分泌一次能杀死许多只白蚁，但此种毒气对其他昆虫和同种的幼虫没有伤害作用。

图14.1

炮甲虫又叫**气步甲**，是一种美丽的小甲虫，体内有制造和存储毒剂的机构，腹部末端有一对像"炮筒"似的小孔，孔口的角度还可以变动。因此，炮甲虫就是一架微生态型化学毒汽喷射器，能对准来犯之敌喷射毒雾，百发百中。

图14.2

炮甲虫制造化学毒汽的三种原料，平时分别存贮在体内不同部位，需要"放炮"时注入一个共同腔室混合，经酶的催化分解引起激烈化学反应，产生热力、压力和刺激性毒汽，温度高达100℃。炮甲虫能连续发射这种毒汽，以阻吓来犯之敌，自身不会受到汽雾伤害。

图14.3

蜜蜂螫刺的末端有小倒钩，螫刺前端连着体内分泌毒液的毒腺（右上角图）。毒刺是工蜂御敌的武器，当它觉得蜂群或蜂巢受到威胁，就会不顾一切用毒刺进攻。被刺者可能因疼痛而退却，而刺敌工蜂由于部分内脏被毒刺连带拖出体外，很快就会死亡。

图14.4

图中是马来西亚森林中一群**白蚁中的长鼻型兵蚁**，它们尖锥形的"长鼻"不但能扎刺，还能分泌一种化学黏液，喷向敌方。蚁群通力合作将敌人包围，从它们的"长鼻"喷洒出的生物化学物质很快凝结，天敌就像被绳索捆住，因难以脱身而束手待毙。

B

蛞蝓

萤火虫

图14.5

A

萤火虫幼虫搜寻到蜗牛、蛞蝓、钉螺等软体类猎物（图A）时，先用尖尖的细颚将化学麻醉剂注射进猎获物体内，再注入消化液，使猎获物的肌肉器官组织化成浆汁。这时，附近的幼萤同伴会闻味到来（图B），它们把口器插入猎物的躯体吸食，一起品尝这顿美味肉羹。

图14.6

母泥蜂找到一只毛虫，先用毒刺向毛虫体内注射"麻醉剂"（图A），接着将它拖回预先建好的泥巢内（图B），并产卵在毛虫体内。这条毛虫就成为母泥蜂为后代预备的食品库。"麻醉剂"使得被俘毛虫像被施了魔法，既不能活动逃走，也不会死亡腐烂。寄生的泥蜂卵孵化为幼虫后，就一点点地吃掉毛虫。

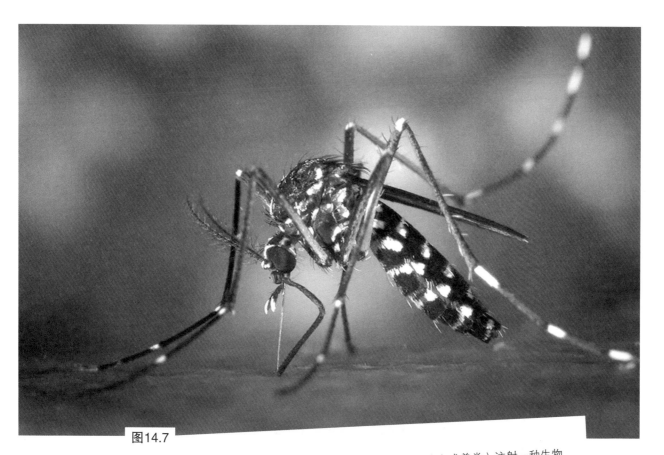

图14.7

雌蚊将口针刺入寄主皮肤，吸血之前，会先给寄主（人或兽类）注射一种生物化学物质——抗凝血剂，使寄主被刺处的血液不会凝固，这样这只吸血的体外寄生虫便能源源不断地吸足鲜血了。

107

图14.8

黄黑斑蝥是一种中型甲虫，体长15～22 mm，外观好像很柔弱，但可别小看这种昆虫，它的足关节能分泌一种气味辛辣的黄色液体——斑蝥素，天敌闻到会受不了而纷纷退避。人工养殖的斑蝥俗名横纹地胆，其分泌的斑蝥素作药用。

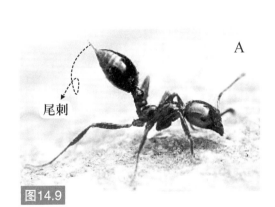

A

尾刺

图14.9

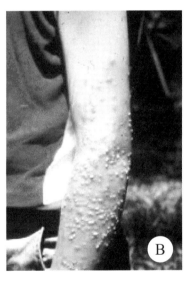

B

全世界会叮人的**红火蚁**（图A）超过280种，为群居昆虫。它们爬上人体后，先用口咬喷注蚁酸；再用尾刺连续螯刺，并注入含有毒蛋白的生物碱毒液。如果几十甚至几百只红火蚁一起叮螯，被叮者会产生火烧般疼痛感，"红火蚁"也因此而得名。有的人遭叮咬后出现红肿，或转为白色小脓疱，受到严重伤害（图B）。

15

昆虫的"建筑"（"Architectures" by insects）

　　昆虫能够建造多样化的"建筑物"，这和它们的生活方式及栖息环境有直接关系。不同种类昆虫由于各种原因，例如母虫为保护产下的卵、幼虫，或成虫为保护自身，以及群居昆虫为保护全群老小、保障群体生活等而营造建筑物。不同种类昆虫各显神通，它们的建筑规模、建筑方式、建筑物结构以及建筑材料的来源等，都有很大的差别。

　　有些种类昆虫并不劳神费力搞什么建筑，例如草蛉母虫快要生育时，才去寻找一处可以遮风避雨、偏僻安全的地方产卵，这应该说只是在环境中现成的建筑物中找一处临时的庇护所。有些种类昆虫（成虫或幼虫）虽然重视巢穴的基本建设，但也并不耗费自身过多的物质，而是就地取材，利用环境中现成物料，构建有效的防护设施。例如细腰蜂修建的"泥巢"和石蚕蛾幼虫黏结的"巢壳"，其中大部分建筑材料就从周边环境中取得。另有许多蛾类幼虫，则完全以自身分泌的丝质物建造美丽而且坚固的"丝茧"。它们的蛹藏在自己织成的保护结构中，在丝茧里变态羽化为成虫，这样肯定更为舒适和安全。

　　小小昆虫知道因地制宜选择合适的建筑场所，并精心安排和构筑"建筑物"。有些种类昆虫的"建筑物"就在虫体身边，例如丝茧，这好像是虫子为自己量身定做的一件"防护服"；有的昆虫将巢窝建在茂密而隐蔽的树冠中；有的挂在通风透气的树梢上；有的背靠树干而建造；有的选建在地面土丘上；也有的修筑在地下……昆虫搞建筑懂得因地制宜，讲究实用、方便。

昆虫建筑物的结构可能很简单，也可能很复杂。有的建造小小"房子"，大小仅够它自己或它的孩子们居住；成群生活的社会性昆虫通常建造异常巧妙的可以容纳成千上万个个体群居在一起的"城堡"。这些建筑有的是富有弹性的丝茧，有的是坚如"装甲"的壳巢。

总而言之，林林总总的昆虫建筑，体现了昆虫保护自身及庇护后代的本能。

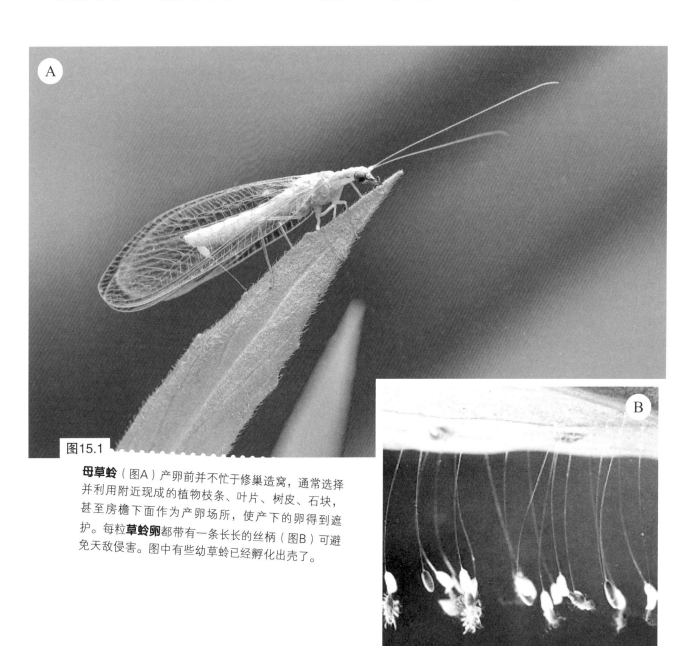

图15.1

母草蛉（图A）产卵前并不忙于修巢造窝，通常选择并利用附近现成的植物枝条、叶片、树皮、石块，甚至房檐下面作为产卵场所，使产下的卵得到遮护。每粒**草蛉卵**都带有一条长长的丝柄（图B）可避免天敌侵害。图中有些幼草蛉已经孵化出壳了。

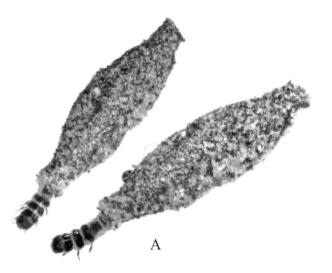
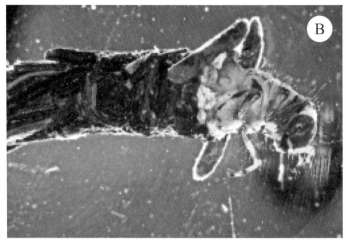

图15.2

毛翅目**石蚕蛾幼虫**生活在淡水溪流中，能分泌丝胶质物，将身边的沙粒、贝壳（图A）或植物茎皮碎片（图B）粘结成管状巢壳，坚固的巢壳环护住幼虫腹部，而有坚固外骨骼保护的头部和胸部露在巢壳外，幼虫带着巢壳能爬行活动。由于巢壳很坚硬，因此这类幼虫被称为**石蚕**。

图15.3

泥蜂（图A）是捕猎性昆虫，产卵前用嘴衔泥建造巢室，母泥蜂利用黏土建成的泥巢像个小陶罐。图中的这种泥巢傍树枝而建（图B），也有的建在地面或地下。母泥蜂捕回青虫后，将被麻痹的青虫塞入泥巢内，在青虫体内产卵后封闭巢口，以保后代安全。和蜜蜂成群生活不同，泥蜂单独生活。

111

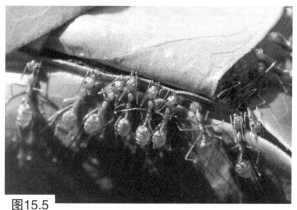

图15.4

生活在热带森林树冠层的大型蚂蚁——**缝叶蚁**，它们不在潮湿的地下建造巢穴，而是选择高树上合适的叶片缝制各种形状的**叶巢**作为居住场所。图A中为我国常绿阔叶林区常见的黄猄蚁群缝成的叶巢。图B为生活在澳大利亚的绿树蚁正在缝制叶巢。黄猄蚁和绿树蚁是同种不同亚种的树蚁。

图15.5

坚挺的叶片怎样被缝合起来？首先**黄猄蚁**挑选合适的叶片，工蚁个挨个地排好位置，用脚紧紧抓住一侧叶缘，用嘴牢牢咬住另一侧叶缘，将叶片拉拢靠近；另一批工蚁会用口衔来一只只鲜活的蚁幼虫，让幼虫分泌出一种黏性大、强度高的丝线，将叶片黏结缝合。黄猄蚁群依靠同心协力建成居所。

大多数种类蚂蚁的巢窝建在地下。**地栖蚂蚁**的地下巢穴有的简单，有的复杂。图中显示一个庞大蚂蚁群体的宏伟地下建筑：面积广，入地深，隧道曲折，上下分层，有居室、走廊、育幼室、护蛹室、库房、食物加工室等。巢内冬暖夏凉、干燥光洁。筑巢工程浩大，全靠工蚁的小小口器和细细腿儿来修筑。

图15.6

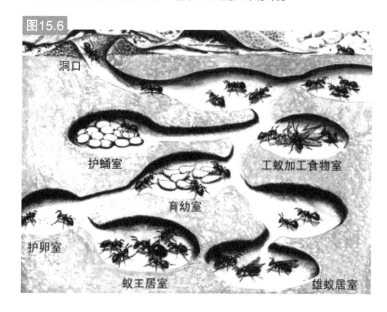

洞口

护蛹室

工蚁加工食物室

育幼室

护卵室

蚁王居室

雄蚁居室

图15.7

有些生活在热带雨林的**树栖蚂蚁**，避开地面积水，把家园建筑在高高的树枝上。它们的**巢窝**主要用泥土筑成，泥土很重，但千万只树栖蚂蚁川流不息地口衔泥粒，齐心搬运上树，把泥土一点点砌上去。经过艰辛的劳动，它们的"安乐窝"终于建造成功。

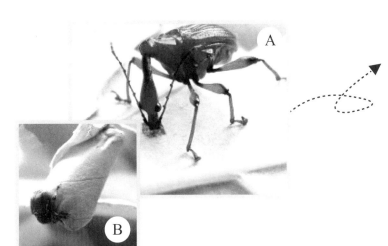

图15.8

长颈卷叶象鼻虫喜欢在山桂花叶片上取食和活动（图A）。生殖季，母虫精心选择合适的叶片，成小时地在叶片上忙碌地戳小洞眼，使叶片软化而易于卷起；然后母虫产卵在叶片上，并用足和头灵巧地把卵卷在叶片里（图B），使卵得到良好的保护，它也因此得名长颈卷叶象鼻虫。

图15.9

沫蝉又叫**吹沫虫**，是生活在植物叶片上的小型蝉类（图A）。沫蝉习性奇特，能由肛门及腹部腺体分泌物混合形成大量泡沫。这些又轻又透气的材料包裹若虫的全身（图B），成为特有的泡沫建筑，保护若虫免受天敌的侵害，因为天敌通常不吃泡沫堆，还可以抵抗干燥。

113

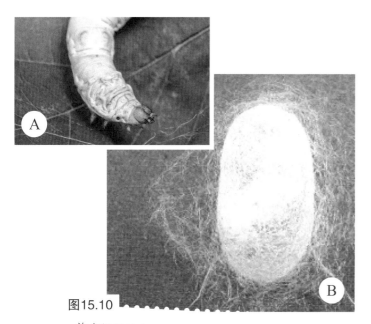

图15.10

许多蛾类幼虫的"建筑物"是结实有韧性的**丝茧**，能保护幼虫直到化蛹羽化成蛾。图A为桑蚕幼虫正在吐丝做茧，丝茧里面隐约可见一个蚕蛹。（图B）看似杂乱无章的蚕丝茧，每粒仅由几根丝线缠绕而成，有利于人类缫丝纺织。

图15.11

社会组织严密的**蜜蜂**，由工蜂腹部蜡腺分泌蜡，集体建造蜡质六角形筒状建筑物——**蜂巢**（蜂窝）作为蜂群生活和繁殖后代的家园。人工养殖蜜蜂的蜂窝建在蜂箱内。蜂窝都是标准的正六边形。研究认为，这是以最少原材料建成最大容积的最佳设计。

图15.12

马蜂窝由马蜂（属于胡蜂类）的工蜂所建造，通常建成一个**纸质吊钟形层状巢窝**。马蜂窝有大有小，有的小如梨子，也有多年扩建的马蜂窝大如水桶。马蜂群集体生活在马蜂窝里面。马蜂毒刺的毒性特别强，侵犯马蜂窝有时会惹来大麻烦。

114

图15.13

白蚁称得上是自然界最高明的建筑师，有些土栖白蚁群能建造高12 m、深入地下3～4 m的白蚁丘，好比人类的摩天大楼。宏大的建筑由小小工蚁以唾液粘结砂粒堆积而成。其外墙坚如磐石，丘内隧道四通八达，建有王室、工蚁房、育幼室、菌圃、廊道、白蚁路，还有调节巢内温度和湿度的通风管道网等。

图15.14

白蚁身体表皮很薄，对寒冷和干燥十分敏感，又不耐强光照射，只有在温暖而潮湿的环境中才能生存，因此，白蚁种族发展了营巢筑穴、过隐蔽生活的习性。生活在热带雨林地区的树栖白蚁常紧靠树木枝杈筑巢，就近取食木料。树上白蚁巢也能建得很大，容纳很多白蚁在里面生活（图B）。

图15.15

袋蛾幼虫是果树林木常见害虫。它能吐丝缠住碎叶、细枝或苔藓、树皮，制作成一个袋囊，并把自身严密保护在袋内，袋囊像从前农夫穿的"蓑衣"，因此人们又叫它"**蓑蛾**"。囊内幼虫取食或移动时从袋口伸出头部和胸部，增强了伪装，但无法用腹足行走。深秋时幼虫将袋囊用丝固定在树枝上，并用丝封闭袋口越冬。

115

16

昆虫的生殖 （Insect reproduction）

昆虫的生活除了寻找食物这件大事以外，它们一生大部分活动都和生殖有关。

大多数种类昆虫进行两性生殖，这点和高等动物类似。成熟的雌、雄昆虫通过交尾，雄性个体产生的精子与雌性个体产生的卵子结合后，才能正常发育成新个体。这也就是说，成熟的雌虫和雄虫必须同时出现在同一地点，发生交尾（即交配）行为，雌虫受精后产卵，卵发育成长为新一代雌虫或雄虫。

两性生殖是昆虫普遍常见的生殖方式。但不同类群昆虫，在求偶表现、雌雄相聚、交尾行为及产卵方式、孵育幼仔等方面，都演绎了令人瞩目的多样性及特殊性。

图16.1

繁殖季节到了，成熟的**雄优雅蝈螽**（图A）攀至高枝上，振翅鸣唱，以使鸣声传得更远。受鸣声吸引的**雌螽斯**趋声前来（图B），随后互相中意的一对成功交尾。如果附近有多只雄螽斯竞相鸣唱，雌虫会选择那只鸣声最响亮、连续鸣唱时间最长的雄虫，也即选择体格强壮的雄虫作为配偶。

昆虫的所有生殖行为受到体内神经生理和内分泌系统的调控，也与环境条件有关。高繁殖率也是昆虫繁荣昌盛的重要原因之一。

图16.2

昆虫求偶的方式很多，如虫体触碰或发声、发光、发送信息素等都是。触碰式求偶必须近距离接触，而**雌蛾**发送性信息素可使百米甚至千米远的雄蛾靠灵敏的嗅觉感受到，并循着气味的指引来与雌蛾相聚。雌蛾先发送的为诱导信息素，招引远方雄蛾飞来，相会时改发求偶信息素，以刺激雄蛾交尾。

图16.3

群聚是某些昆虫特有的交尾前奏，例如**蜻蜓**、蜉蝣、蚊子等类群，它们利用视觉或嗅觉找到水面、树丛等聚集点，雌雄成群在一起飞舞，就像在举行"集体婚礼"。淡水水体是雌蜻蜓产卵和幼虫发育的地方，很多蜻蜓常群聚在水域周围进行交配。

117

图16.4

不同种类昆虫有各自特定的**交尾方式**，这和它们身体形态结构及遗传特性有关，这也起到种间隔离的作用。由于昆虫的生殖器官位于腹部末端，因此昆虫的交配通常又称交尾。图A为蝶类交尾；图B为蝗虫交尾；图C为蚊子交尾；图D为瓢虫交尾。

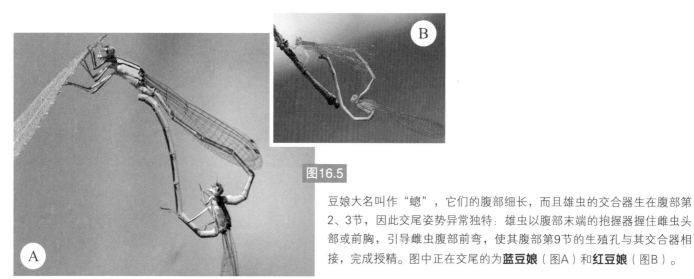

图16.5

豆娘大名叫作"蟌"，它们的腹部细长，而且雄虫的交合器生在腹部第2、3节，因此交尾姿势异常独特：雄虫以腹部末端的抱握器握住雌虫头部或前胸，引导雌虫腹部前弯，使其腹部第9节的生殖孔与其交合器相接，完成授精。图中正在交尾的为**蓝豆娘**（图A）和**红豆娘**（图B）。

图16.7

蝎蛉吃动物死尸，也捕食小昆虫。求偶时**雄蝎蛉**会把自己捕得的小虫作为礼物献给雌虫。蝎蛉外貌奇异：头部延长像鸟嘴，前胸短，两对膜质翅狭长且形状相似（图A），最怪异的是雄虫腹部后端膨大，向上弯成蝎尾状，交配器有点像蝎子的尾刺（图B），因此得名蝎蛉。

图16.6

螳螂独特的交尾生态历来引人注意。求偶时双双以头部或触角试探性触碰，相互中意后进行交配（图A）。雌螳螂体格明显比雄螳螂大而壮实，交配后有的雄螳螂及时机敏地离开了，动作迟缓的雄螳螂有可能被雌螳螂当作猎获物吃掉（图B）。

图16.8

各种**螽斯**在雌雄交配结束时，雄虫无例外地都会"送给"雌配偶一团乳白色黏稠的"精包"（箭头所指）。精包是雄虫分泌的，沾在雌虫的生殖孔处，大小如同一粒黄豆，这就是雄螽斯送给雌配偶的"婚礼"食物。

119

图16.9

雄螽斯精包里层含有为雌虫授精的精液，丰厚黏稠的外层是富含营养的精护。交配后的雌虫会一次次弯着身子把口器伸向腹端，一口口地咬吃那团精护，直到全部吃完，才会转而取食其他食物，足见精包对于雌虫是多么美味的补养品。

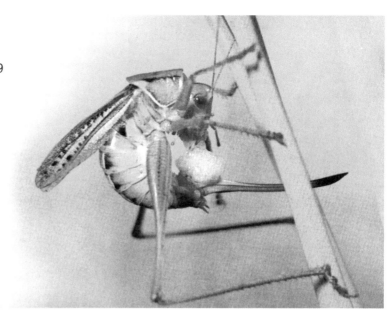

图16.10

雌螽斯产卵器的形状因种而不同，剑状、刀状或镰刀状的都有，有些产卵器适于插入植物茎秆组织里产卵（图A），有些适于插入土中产卵（图B）。产卵器形状为长剑状的雌螽斯通常选择在土壤中产卵，尖长的产卵器能插入土里较深处，可保障卵的安全。产卵时既耗费能量，还容易遭受敌害的袭击。

图16.11

与雌螽斯具有较长而尖锐的产卵器不同，雌**蝗虫**的产卵器是短锥状的（图A），产卵时母蝗虫弯曲身体并尽量拉长腹部，用力挖掘并使产卵器钻入地表下较深处，以保障卵的存活率（图B）。

B 　　　　雌蝗产卵瓣

图16.12

母盾蝽是尽职尽责的妈妈，产卵后的母盾蝽会在它所产卵的叶片上停留约10天，完全不吃不喝，全神贯注于保护和照管它的后代。看！靠近它腹部下方的白色小圆球是即将孵化的卵，而靠近头部的黄色幼虫是已经孵出的幼盾蝽。

一对淡水生活的**负子蝽**正在操办传宗接代的大事：母蝽产卵在父蝽的背上，这样对后代的保护更周到、安全。已知全世界的负子蝽接近100种，我国有7种。和负子蝽同属蝽类的大水蝽、蝎蝽等将卵产在水草上。

图16.13

昆虫和高等动物不同，除了进行两性生殖外，有些种类昆虫还以单性生殖方式繁育后代，即卵无需受精就能直接发育成新个体的生殖方式。这就是说，此类昆虫雌虫无需雄虫、不经交配受精产下的卵也能够正常发育，例如"**孤雌生殖**"和"**幼体生殖**"。

孤雌生殖也称单性生殖，它不同于无性生殖，区别在于孤雌生殖是由生殖细胞而非体细胞完成的繁殖现象。

在不同种类昆虫中发生的孤雌生殖现象，却又具有不同特点。其中，例如某些蚜虫类，通常在进行一次有性生殖后，再进行一次或多次孤雌生殖，这类与有性生殖交替进行的孤雌生殖方式，称为周期性孤雌生殖。而在某些蜜蜂和小蜂类中，雌成虫产下的卵有受精卵和未受精卵，前者发育成雌虫，后者发育成雄虫，这类孤雌生殖经常发生，称为经常性孤雌生殖。另外，在自然界中，人们极少见到某些竹节虫、粉虱、介壳虫、蓟马等的雄虫，有的种类甚至至今尚未发现任何雄虫，几乎完全进行孤雌生殖，这种情况当然也属于经常性孤雌生殖。此外，有些常见的昆虫如家蚕、蜜蜂、蝗虫及某些毒蛾和枯叶蝶等，雌成虫偶尔产出的未受精卵也能发育成新个体，这属于偶发性孤雌生殖。

幼体生殖是孤雌生殖的一个特殊变型，即虫体尚未达到成虫阶段，在幼虫期就已经开始繁殖。幼体生殖的昆虫，产生的后代都不是卵，而是幼虫，类似于"胎生"，例如瘿蝇类。

大部分昆虫卵生，一个卵分裂发育为一个胚胎。但在寄生性昆虫中，例如小蜂、小茧蜂、姬蜂以及部分蜜蜂类等，还有特殊的"多胚生殖"，即一个卵子产生2个或2个以上胚胎，多的可分裂为1600~1800个胚胎，有的甚至多达约3000个胚胎，称得上"批量化"生产。多胚生殖体现昆虫对寄生生活的高度适应。因为寄生昆虫所有个体通常不可能都找得到相应的寄主，一旦找到合适的寄主，多胚生殖能快速繁殖大批后代。

图16.14

蚜虫的孤雌生殖是出了名的。春、夏时节，营养富足的雌蚜无须经过交尾受精，短时间便生出大批小蚜虫。注意：蚜虫孤雌生殖的不是卵，而是鲜活的雌性小蚜虫，它们很快又能生出一批雌性小蚜虫。只要温度适宜，食物丰富，蚜虫一年能够繁殖30代，它们是真正的繁殖狂。图示无翅蚜的孤雌生殖。

图16.15

早在古代已有人察觉到某些昆虫有孤雌生殖，但因人们习常见到的都是雌雄两性昆虫，因此，直到18世纪中期大部分学者对此仍存疑惑。1745年瑞士学者查尔斯·邦尼特以实验方法，把刚孵化的蚜虫幼虫一个个严格分开饲养，而后它们分别都变为成虫，并能繁殖，实验证明**蚜虫孤雌生殖**确实无疑。图示有翅蚜虫的孤雌生殖。

图16.16

植物由于寄生昆虫产卵引起的局部异常发育称为**虫瘿**（图A）。蚜虫、瘿蝇、瘿蚊等能造成虫瘿。例如母瘿蝇在树木伤口处产卵，形成的虫瘿内就有幼虫，这种幼虫体内的卵细胞能分裂产生7～30头下一代幼虫，取食母幼虫，成熟后破开母幼虫体壁外出。这既是孤雌生殖，也是幼体生殖。（图B）为瘿蝇。

17

昆虫的发育 （Insect growth and development）

昆虫的发育是指昆虫个体生命的发生过程，是一个昆虫有机体从它的生命开始到成熟的变化，也就是昆虫身体自我构建和组织的过程。

昆虫的个体发育须经两个阶段，先在卵内完成胚胎发育阶段，然后从卵孵化为幼虫再发育到成虫性成熟，这是胚后发育阶段。从幼虫发育为成虫，要经过包括外部形态、内部结构、生理功能、行为生态等一系列变化，称为变态。

变态就意味着形态的变化，变态使得昆虫的生长发育像变魔术一样奇妙。

昆虫幼体破卵而出的过程称为孵化；初孵化幼虫称一龄幼虫，幼体发育过程中需要蜕皮数次，每次蜕皮后进入一个新的龄期（二龄、三龄、四龄……）；幼虫发育成蛹的过程称为化蛹。蛹是全变态昆虫由幼虫转变为成虫过程中所必须经过的一个静止状态，蛹从蛹壳脱出后即为成虫，称为羽化。

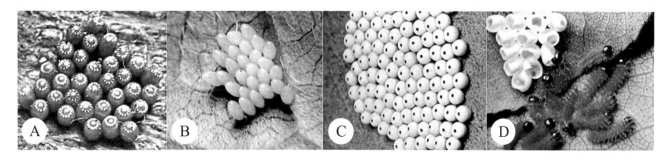

图17.1　自然界形形色色的**昆虫卵**，外观看起来相当美丽。从左至右：红色的臭虫卵（图A）、金黄色的瓢虫卵（图B）、白色的侍女蛾卵（图C）、刚孵化的大黄蛾幼虫及其破碎的卵壳（图D）。

图17.2

螳螂一次产一百多粒卵，这些卵与母螳螂分泌的蛋白质泡沫混合成一大团，粘在树木或石头上，干燥后成为一个硬邦邦的卵鞘。卵鞘使螳螂卵得到良好的保护。螳螂卵鞘的大小、形状（图A、B）及里面卵粒的数量，因不同种类而有差别。普通螳螂一次可能产1~4个卵鞘。

图17.3

实际上，蜻蜓产卵不像文学描写的那样潇洒，时常会遇到危险，首先要热身做好准备，冒险低飞，还要逃过青蛙等捕食者的袭击，有时为找到合适的产卵植物还要潜入水下，最后要保护好双翅安全钻出水面，才算完成产卵过程。

图17.4

成熟雌蚊每饱吸一次血便能产一批卵，一生可产卵6~8批，每次200~300粒。所有蚊子的卵都产在淡水里。**按蚊卵块**呈舟形，两端带有浮囊（图A），漂浮于水面；**库蚊卵块**结成筏状（图B），也漂浮于水面。**伊蚊的卵**通常单粒，沉于水下。

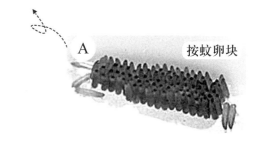

按蚊卵块

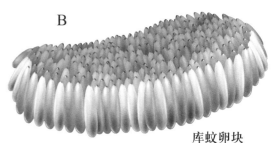

库蚊卵块

A

B

C

D

E

图17.5

由卵孵化出的各种幼虫，形态和习性各有不同，通常分为5种类型：蜗型幼虫，例如石蜗、衣鱼（图A）；蠋型幼虫，例如蛾、蝶类幼虫（图B）；蛆型幼虫，例如苍蝇幼虫（图C）；蛴螬型幼虫，例如粪金龟幼虫（图D）；叩头虫型幼虫，例如金针虫幼虫（图E）。蛾、蝶类幼虫很贪吃，一昼夜要吃百多次，长得很快。

图17.6

凤蝶幼虫属于蠋型幼虫，身体柔软无棘刺，也没有毒毛，但它头部的形态和那对圆滚滚的大眼斑，使来犯的天敌闹不清楚："难道那是蛇头？还是小心为上！"趁着天敌迟疑不决的时候，这种凤蝶幼虫赶忙钻到叶片下躲藏起来了。

图17.7

外形和色泽对毛虫起保护作用。**角蝴蛾**幼虫头部长着几根弯弯的尖刺，有点像"龙犄角"。它抬头挺胸摆出一副恐吓的形态。这类幼虫的腹足底面生有趾勾，能稳稳地在光滑的植物枝条上爬行或半站立（图A）。对人类来说，由于"龙犄角"无毒，把这类虫子放在手中观看并没什么可怕的（图B）。

　　昆虫幼虫成长过程都要经过蜕皮，这是由于体内蜕皮激素的作用。这种激素由昆虫的前胸腺所分泌，而前胸腺是否分泌及分泌多少蜕皮激素，又由前脑分泌的脑激素来决定。至于某种幼虫总共要蜕几次皮，成为老熟幼虫然后化蛹，这由另一类激素，即保幼激素的含量来决定。保幼激素是昆虫咽侧腺体分泌的活性物质，它的功能是维持幼虫发育基因的正常运作，同时抑制成虫基因的表现，使个体处于幼虫状态。在昆虫生长过程中，通常体内保幼激素的含量逐渐下降，因此，每蜕一次皮，身体就逐渐向成虫状态发展一步。幼虫最后一次蜕皮后，体内保幼激素用尽，随即进入化蛹阶段。

　　绝大多数种类昆虫，生活史只有一年或更短。少数种类，例如蝉科昆虫，可能生活三年至五年，甚至还有北美地区的十三年蝉和十七年蝉，演化漫长而隐秘于地下的一段生命期，成为世界上幼虫期最长的昆虫。

128

图17.8

北美的**十七年蝉**非常神奇，它们无翅的幼虫要在北美东部森林地下土壤中生活漫长的17年，然后有一天就像突然醒来一样，纷纷钻出地面，爬到树木上，蜕皮羽化为有翅的成体蝉（图A）。当它们破土而出时，其庞大规模和数量至今震惊世人。图B为一棵大树下十七年蝉的蝉蜕。

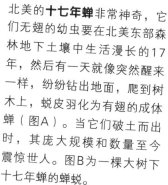

图17.9

不同种类虫蛹形态各异。例如：独角仙甲虫蛹，附肢、翅芽不紧贴蛹体，能活动，称为**离蛹**（图A）；蚕蛹的附肢及翅紧贴蛹体，不能活动，称为**被蛹**（图B）；苍蝇蛹有坚实外壳，称为**围蛹**（图C）。昆虫的蛹看起来不吃不动，其实内部时刻都在发育变化中。

图17.10

蚊子的幼虫生活在水里，化成蛹依然在水里生活。蚊蛹的外观像个逗号。**蚊蛹**与大多数其他昆虫的蛹不吃、不动的习性有所不同，它虽然不摄食但能游动。所以，如果用肉眼粗略看来，在水里游动的可能是蚊子幼虫，也可能已经是蚊蛹。

129

图17.11

斑蝶、灰蝶、蛱蝶的老熟幼虫，利用腹部末端臀棘的丝垫，把身体倒挂在树木或灌木上，形成头部向下、身体垂直的蛹，称为**悬蛹**，（图A）为秋季时一种**蝶蛹**；（图B）为**白灰蝶**的幼虫、蛹、蛹羽化及成虫阶段示意图。温带地区的有些蝶蛹很能耐寒，在野外能够过冬而正常发育。

图17.12

有些寄生昆虫，它们的老熟幼虫钻入植物器官组织或其他动物中化蛹，这就是**寄生蛹**。例如，寄生蜂将卵产在毛虫体内，卵孵化、发育成老熟幼虫，有的钻出在寄主体表化蛹。图中为多个寄生茧蛹寄生在这只寄主毛虫体外，等到羽化成虫才飞走，留下的只是粘在寄主体表的破碎蛹壳。

大多数种类昆虫变态经过卵、幼虫、蛹、成虫4个阶段，称为完全变态；另有一些种类昆虫有别于完全变态，发育只经历卵、幼虫和成虫3个阶段，称为不完全变态。不完全变态昆虫发育不经历蛹阶段。还有少数种类属于无变态类型。

130

一种昆虫在一定时间阶段的发育过程就是生活史，常以一年或一个世代为时间界限。在一年内的发育史叫作年生活史，而完成一个生命周期的发育史称为代生活史。

昆虫的卵或幼虫，从离开母体发育到成虫性成熟并能产生后代的个体发育史，称为一个世代。不同种类昆虫或生活在不同地带（温带、亚热带或热带）的昆虫，一年中发生的世代次数是不同的，有的一年一代，有的一年两代或多代，还有的几年才发生一代。

常见昆虫中，蜜蜂、蚂蚁、苍蝇、蚊子、跳蚤、蝴蝶、蛾类以及各种甲虫属于完全变态昆虫。完全变态昆虫从卵孵化出来的幼虫，形状完全不像它们的成虫父母，还没长出翅，所吃的食物也不同于成虫。在幼虫变化成蛹后、蛹变为成虫以前的一段时期称为蛹期。蛹一点也不吃，看起来一点也不动，好像什么事也没有发生，其实蛹内部正在逐步地变化为发育完全的成虫。

各种昆虫蛹期长短不一样，从几天到数月甚至几年的都有。化蛹场所在地下、地面或植物上，也有些在寄主身上化蛹。影响幼虫化蛹的主要因素是温度、降雨和土壤湿度。

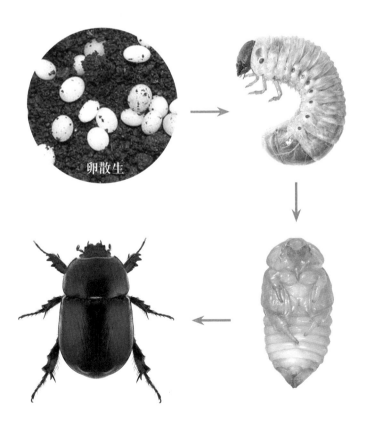

图17.13

蛹是所有完全变态昆虫必须经历的一种虫态，在蛹期内完成翅的生长、生殖器官成熟等形态和生理变化。图中显示了一种甲虫从发育初始的卵，到幼虫、蛹、成虫的四个发育阶段。完全变态昆虫在不同发育阶段有截然不同的虫态，增加了昆虫研究的复杂性。

131

图17.14

研究者对**王蝶发育过程**极感兴趣，它代表完全变态昆虫的发育历程：雌雄王蝶交配→产卵→早期毛虫→后期（老熟）毛虫→蛹→成虫→死亡。这个过程周而复始、代代相传。这也是完全变态昆虫的代生活史。

（图A）王蝶的卵看起来像一粒宝石。一个夏天一只雌蝶可能产下数百粒卵，4~5天后孵化。

（图B）刚孵化的毛虫很小，但生长得很快，每过几天就蜕皮一次，换更大的外皮以适合日益长大的身体。两周后毛虫的身体比刚孵化时可能大了2000多倍！

（图C）又过两周，毛虫吐出黏性的丝把自己粘在叶片上倒挂着。

（图D）然后，老熟幼虫以透气而坚固的茧包裹自己开始化蛹。

（图E）几天后，隐约可见外壳里的蛹身体变成蝶类的模样，橘黄色与黑色相间的双翅初步呈现，身体闪光发亮。

（图F）化蛹两周后开始羽化的王蝶成体，头部先钻出蛹茧。

（图G）通常在温暖的晴天羽化的王蝶破茧而出，起初它的双翅还太软太湿，不能飞。约经两个小时后，翅干燥并能展开。

（图H）完成了变态过程，现在这只王蝶能够飞走了，能去找寻异性配偶做伴了。

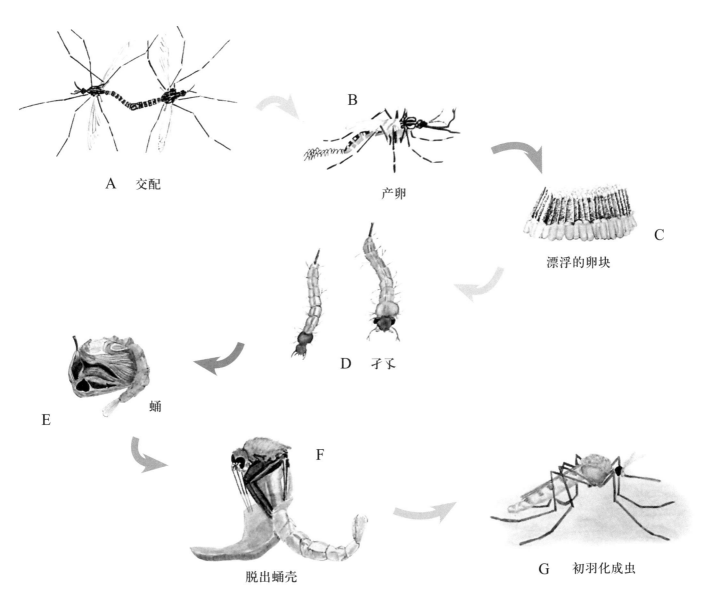

A　交配

B

产卵

C

漂浮的卵块

D　孑孓

蛹

E

F

脱出蛹壳

G　初羽化成虫

图17.15

蚊子的完全变态发育过程需要有淡水和陆地两种环境才能
完成：

（图A）成体蚊在陆地生活及交配；

（图B）雌蚊在积水里产受精卵；

（图C）成堆蚊卵漂浮水面；

（图D）经过5～6天孵化为幼虫（特称为孑孓），经常头
朝下悬挂水面下生活；

（图E）如果条件适宜，幼虫期仅需1～2周，经4次蜕皮后
化为蛹；

（图F）温度适宜的话，蛹期1～2天后即羽化为成虫钻出
蛹壳；

（图G）成蚊离开水域飞往陆地。

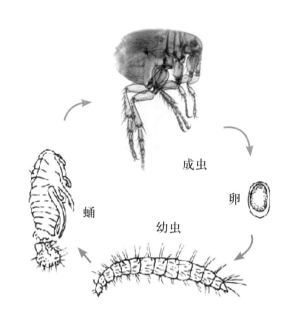

图17.16

寄生在鸟、兽身上的跳蚤，也属于完全变态昆虫。跳蚤幼虫体表有刚毛，无足，口器为咀嚼式，不能叮咬，吃成虫拉出的血便或寄主身上脱落的皮屑生活。化蛹变态为成虫时才长出3对足，口器变为刺吸式，开始吸寄主的血生活。

不完全变态昆虫的幼虫都不化蛹，因而生活史中无蛹阶段。常见的蝗虫、螽斯、蟋蟀、蜻蜓、螳螂、蝉、蟑螂、蚜虫和虱子等属于不完全变态昆虫，它们的幼虫外观与成虫差别不明显，只是体形较小，生殖器官尚未发育成熟，还没长出翅或仅有翅芽。不完全变态昆虫的幼虫生活在陆地的称为若虫，生活在水中的称为稚虫。

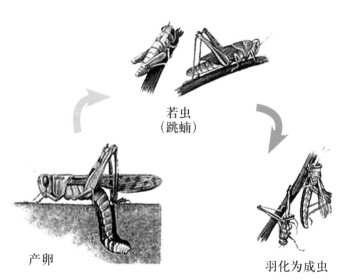

若虫
（跳蝻）

产卵

羽化为成虫

图17.17

蝗虫发育经过卵、若虫、成虫3个阶段，若虫的形态和习性类似成虫，若虫体形随龄期的进展而长大。蝗虫若虫特别善于跳跃，因此又特称"**跳蝻**"。多数种类蝗虫若虫经5次蜕皮羽化为有翅能飞的成虫。

134

图17.18

蜻蜓的半变态发育过程需要淡水、陆地两种环境。交配后母蜻蜓产卵在水中或水生植物上（图A），孵化的幼虫名叫**水虿**，生活在水中（图B），经过11次蜕皮成长，才沿水草爬出水面（图C），再经最后一次蜕皮羽化为成虫（图D）。温带地区的蜻蜓以幼虫在水底越冬，幼虫期1~5年，成虫寿命只有几周。

另外，有一些种类昆虫在发育过程中没有明显的变态。它们是一些起源原始古老的昆虫，成虫没有翅，属于无翅昆虫。目前这类昆虫的种类很少（但某些种的个体数量并不一定少），我们平时能见到的例如衣鱼（又叫书虫）、跳虫等，相对于以上须经变态发育的昆虫，这两类昆虫的发育属于无变态发育。

图17.19

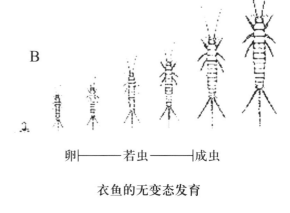

衣鱼的无变态发育

卵———若虫———成虫

衣鱼的无变态个体发育过程经过卵、若虫和成虫三个阶段，一生经历大约8次蜕皮。它们在适宜的温度、湿度条件下完成一个世代只需要3个月。幼虫与成虫身体只大小不同，生活习性基本相同。可别小看这类原始无翅小昆虫，其成虫耐饥力极强，即使没有食物，也能生活300多天。

图17.20

跳虫是小型或微型无翅原始昆虫，发育过程只有卵、若虫、成虫3个阶段，属于无变态发育类型。（图A）为一群跳虫，其中白色半透明的是若虫，黑灰色的是成虫。（图B）为高倍数放大的一只跳虫，它腹部末端的弹器在不用时弯折收藏在腹部下方的握弹器中。凡阴暗潮湿有腐殖质存在的地方，都有跳虫。

18

社会性昆虫 （Social insects）

在昆虫世界中，有少数种类（白蚁、蚂蚁、蜜蜂、胡蜂及熊蜂等）不同于绝大多数种类昆虫散居生活，它们结成大群共同生活，由成千上万个个体组成"王国"，群中成员分担不同职责，例如蚁王、蚁后、工蚁和兵蚁，不同职责类群（或称品级）成员的身体结构和功能也有区别。这种集群共同生活、分工合作的昆虫类群就被人们称为社会性昆虫。

所有社会性昆虫至少具有三个共同特性：①全群成体共同关心和喂养幼体；②群内所有成员分工合作，不同成员担负不同职责；③每个群体至少有一个有繁殖能力的"王后"，这个群的后代都是这个女王生育的，并且女王的寿命大多长于群内其他成员。在社会性昆虫王国里，"王后"靠发送化学信息素，将信息迅速传递给群体成员，以此统领全群，达到共同生活、行动一致。

等级分明、井然有序的白蚁、蚂蚁以及蜜蜂王国，代表着高度组织一体化的昆虫社会。以蜜蜂社会为例，蜂群中雌性蜂王无疑是至高无上的统领，全群工蜂都服服帖帖听命于它。这只"女王蜂"靠什么"魔法"统率庞大的蜂群？学者们经过长期研究得知，原来是一种酮酸类蜂王物质在起作用，这种激素物质由蜂王的上颚腺分泌，在激素分子的指令下，所有工蜂都追随蜂王，一生恪尽职守，既不擅自离群，也从不偷懒。

可以说，化学信息素是生物身份的标志，也是维系昆虫社会的物质基础。

一个社会性昆虫社群可能有几千、几万甚至几十万成员，原来，"女王"以发送化学信息素的方法，将信息快速传递给群体成员，以此控制群体成员的行为，从而达到全群行动一致。

白蚁王国成员

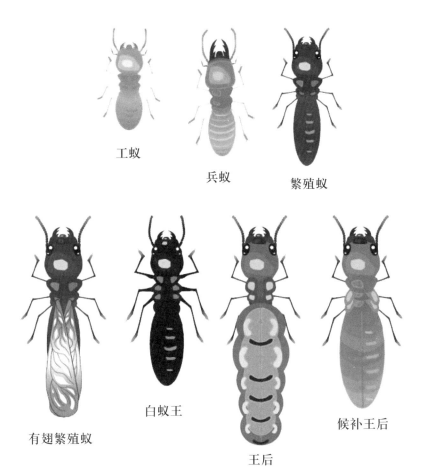

工蚁

兵蚁

繁殖蚁

有翅繁殖蚁

白蚁王

王后

候补王后

图18.1

白蚁是典型多态型社会性昆虫，群体中包括白蚁王、王后、候补王后、有翅繁殖蚁、繁殖蚁、兵蚁、工蚁。前五类是具有长翅、短翅或是无翅的繁殖蚁。后两类为非繁殖型无翅白蚁，生殖器官退化。群体中工蚁数量占80％以上，兵蚁数量约占群体的5%左右。

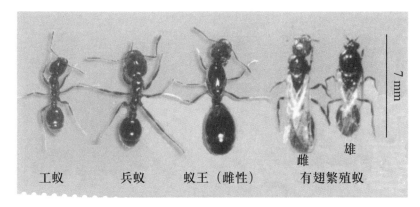

工蚁

兵蚁

蚁王（雌性）

有翅繁殖蚁

雌

雄

7 mm

图18.2

在**蚂蚁王国**中，一群（或一窝）蚂蚁中有雌性蚁王、雌雄有翅繁殖蚁及工蚁，许多种类还有专职兵蚁，它们不仅体形大小有差别，身体结构和职能也有明显不同。图中为红火蚁，有翅雄蚁交配后相继死去，只有个别雌性有翅繁殖蚁交配后脱去双翅、产下蚁卵、建立新群，成为雌性蚁王。

工蜂

蜂王

雄蜂

图18.3

不同于白蚁王国和蚂蚁社会，**蜜蜂王国**中没有专职的"兵蜂"，保卫任务由工蜂兼任。图示工蜂、雄蜂和蜂王三品级蜜蜂形态和大小的比较。雌性蜂王行动相当敏捷（不像白蚁蚁后那样笨重），在争夺或保卫王位时能搏斗。蜂王寿命长，一般可活5年。

图18.4

在一个蚂蚁社群中，图中雌性女王身体比兵蚁和工蚁大很多，它交配受精一次，就能一批批产下受精卵。通常一窝蚂蚁全都是这只女王母蚁的后代。女王的寿命可能长20~30年。每日劳作不息的工蚁最多活几十天到几个月。

图18.5

社会性昆虫对幼体的关怀、照顾可说尽心尽力、无微不至。以蚂蚁为例，蚁王妈妈刚产下卵，工蚁即将它们带到蚁巢最温暖、安全的地方，并经常翻动、舔吻，促使蚁卵尽早孵化，然后按时哺喂幼蚁。遇到不利情况需要挪窝，工蚁和兵蚁首先护卫蚁王，同时携带幼蚁或蚁蛹迁移。

组织严密的白蚁王国

图18.6

白蚁王后是白蚁王国的核心和统帅，一只白蚁王后的体积相当于一只工蚁的数百倍大，王后大腹便便，腹内满是待产的卵，庞大的体躯使得它难以行动，好在有众多工蚁围绕着它，扶持、照管和饲喂它。白蚁王后可能活50年，是名副其实的产卵"机器"。

A

B

图18.7

平常白蚁王后产的卵发育为工蚁或兵蚁，每年一定时期的蚁后会生产一批特别的卵，孵化为雌雄性**长翅型繁殖蚁**（图A），它们性成熟便大批飞出巢外进行交配，称为"婚飞"。出巢婚飞的有翅白蚁绝大多数遭天敌捕食，只有个别有机会成为新的王后或白蚁王（图B）。

图18.8

一个白蚁王国个体数量可能达到百万只，其中绝大多数成员是**工蚁**，它们承担采集食物，开掘隧道、建筑及维护巢穴，饲育幼蚁、兵蚁和蚁后等。图A为一群工蚁正在大吃纸纤维，它们是最能高效降解木质纤维素的昆虫之一。图中箭头所指为兵蚁。

图18.9

白蚁兵蚁包括上颚型兵蚁（图A）与象鼻型兵蚁（图B）两类，体色较深，外骨骼高度骨化，身体比较结实，专门负责担任保卫任务。上颚兵能用"双齿叉"撕咬来犯之敌，象鼻兵搏斗时能喷出胶黏物，使敌方失去战斗力。白蚁兵蚁勇猛异常，凭嗅觉区别来者是否同类，如有蚂蚁或其他白蚁群入侵，它们立即挺身而出，奋勇搏斗。

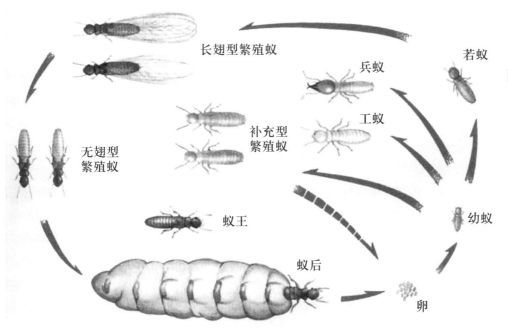

长翅型繁殖蚁

无翅型繁殖蚁

补充型繁殖蚁

蚁王

蚁后

卵

幼蚁

工蚁

兵蚁

若蚁

图18.10

白蚁的高繁殖力世界有名，这和它们具有完备的生育梯队有关，其繁殖蚁除了通常的长翅型外，还有短翅型或无翅型的补充繁殖蚁，保证在各种情况下能够不间断地繁衍后代。图示不完全变态发育的**白蚁生活史**。若蚁指3龄前尚未分化为工蚁或兵蚁的幼龄白蚁。

群策群力的蚂蚁社群

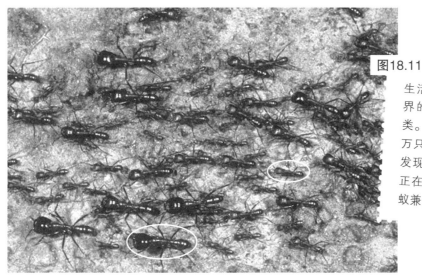

图18.11

生活在热带森林地带的**军蚁**，是另一类闻名世界的典型的社会性昆虫，属于肉食性游牧蚁类。一个大型群体成员可能多达500万～1000万只。军蚁没有固定住所，惯于在"行军"中发现并吃掉沿途一切可食的动物。注意：图中正在行进的一群军蚁有大小两型工蚁，大型工蚁兼负兵蚁的职责。

图18.12

数以万计的**军蚁堆叠一起**，争过"独木桥"，这是它们行进路上必须通过的。它们不怕牺牲，举群体之力，遇沟填沟，遇水搭成"蚁桥"，没有什么能够阻挡它们的行进。不断行进，为了寻找足够全群所需的食物。

图18.13

军蚁群捕猎能力惊人，比军蚁体形大百倍、千倍的蟋蟀、蝗虫、土蜂、蝎子、蛙类、鼠类，甚至野猪、豹子等，都可能沦为它们的美食。军蚁群之所以这么厉害，一是依靠"蚁多势众""蚁海战术"；二是它们的唾液有毒，强悍的猎物被咬伤后，很快会因麻痹而失去抵抗力。

图18.14

比起其他种类的蚂蚁女王，**军蚁女王**腹部特别长，能容纳更多的卵，同时身体较灵便，能跟随蚁群行军迁移。军蚁女王每隔两三周生产一次，每次产25万粒卵。这时军蚁群会暂停行军，建一处临时栖处，等到军蚁女王产下的卵孵化为幼蚁或化蛹后，才由工蚁携带，重新行军游猎。

图18.15

蚂蚁力大无比，群体善于通力合作，在生存竞争中取得胜算。你瞧！蚂蚁利用细长的腿互相钩连，搭成"**蚁桥**"（图A、B），便于蚁群迅速行进和保护雌性蚁王。高等动物连同我们人类均无此种体能和力量，这套高难度群体"杂技"，肯定要有准确的信息联络才能完成。

奥妙无穷的蜜蜂之谜

图18.16

一群(箱)蜜蜂相当于一个**蜜蜂小王国**，通常由大多数工蜂、少量雄蜂和一只雌性的蜂王共同组成，它们互相依存，好像人类社会中的一个超级大家庭。图为围绕着蜂巢群集的一群工蜂，它们有序、和谐地生活在一起。

143

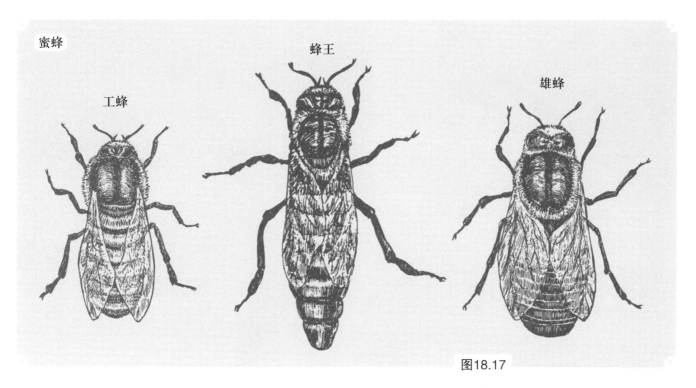

蜜蜂

工蜂　　　蜂王　　　雄蜂

图18.17

不同于白蚁王国和蚂蚁社会，**蜜蜂王国**中没有专职的"兵蜂"，保卫任务由工蜂兼任。图示工蜂、雄蜂和蜂王三型蜜蜂不同的形态和大小。雌性蜂王躯体不像白蚁蚁后那样笨重，行动相当敏捷，在争夺或保卫王位时能搏斗。蜂王寿命长，一般可活5年。

图18.18

蜂王是一个蜂群中唯一生殖器官发育完全的雌蜂（图中蓝圈内），是蜂群的女皇和统帅，她的全部精力和时间都用来产卵繁殖后代，每天可产出多约2000粒卵。在蜂群中众蜂之王身体较长，显得光采亮泽。

图18.19

蜂王一生得到工蜂无微不至的照料，众多工蜂生产蜂王物质喂养它，为它清理巢窝，替它照管产下的卵和喂养幼蜂等。图示蜂王四周年轻的侍卫蜂环护着它，不离左右地保卫它的安全。

图18.20

工蜂

雄蜂

雄蜂是蜂群中的雄性个体，体格比工蜂强壮，在巢外能敏捷地发现和追赶雌蜂。雄蜂腹部无螫针，体内无毒腺和泌蜡器，足部也没有花粉筐，因此，它除了专职和蜂王交配，并无其他工作能力。交配后的雄蜂不久即死亡。然而雄蜂品种和体质的优劣，直接关系到一个蜂群的发展及盛衰。

图18.21

蜜蜂工蜂是生殖器官发育不全的雌个体，一般不产卵，但它们具有蜂群生存和发展所需要的各种器官，包括足部的花粉筐、体内的蜡腺、毒腺和螫针等，因而能够担负蜂群内外各项工作。图为工蜂和它们建造并贮满蜂蜜的蜂窝。工蜂一生不停地工作，寿命很短，一般只活一个多月。

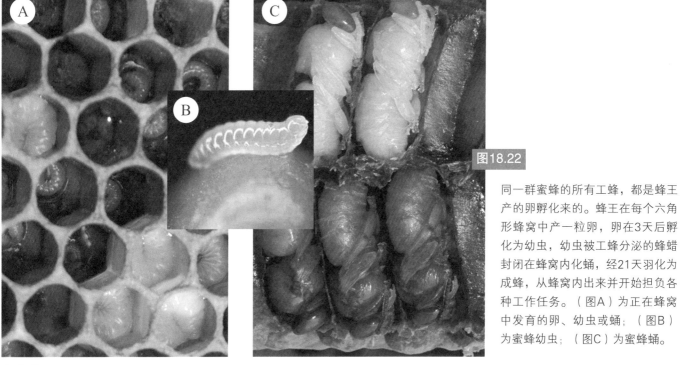

图18.22

同一群蜜蜂的所有工蜂，都是蜂王产的卵孵化来的。蜂王在每个六角形蜂窝中产一粒卵，卵在3天后孵化为幼虫，幼虫被工蜂分泌的蜂蜡封闭在蜂窝内化蛹，经21天羽化为成蜂，从蜂窝内出来并开始担负各种工作任务。（图A）为正在蜂窝中发育的卵、幼虫或蛹；（图B）为蜜蜂幼虫；（图C）为蜜蜂蛹。

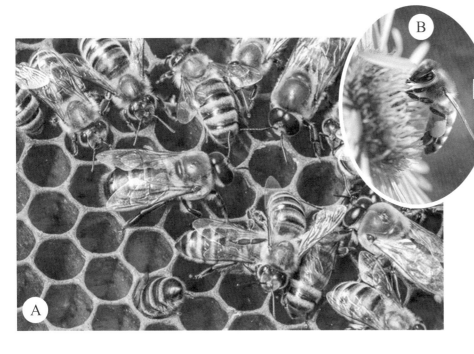

图18.23

工蜂的职能随日龄而变。低龄工蜂清理巢房，约两周后随着舌腺、蜡腺、毒腺的发育，开始担负饲喂蜂王和幼蜂、分泌蜂蜡、修筑蜂巢、酿造蜂蜜、调节巢内温湿度及守卫等职务；3周龄工蜂开始出巢采集花粉、花蜜、蜂胶。图A为工蜂在巢内工作；图B为工蜂野外采花，花粉筐中已存有花粉团。

图18.24

工蜂既是清洁工、保育员、建筑工，也是采集工、运输工、警卫员。（图A）中间那只工蜂弯着身体，正在用中足刷拭分泌到胸部的蜂蜡，用来封盖蜂窝，保护窝内幼虫；（图B）为几只**采花工蜂**满载花粉团匆匆**飞回蜂巢**。

图18.25

神奇的蜂王物质（蜂王浆）造就蜜蜂家族又一神奇之处：蜂王和工蜂的遗传物质完全一样，只是未来的蜂王从出生后一直享受蜂王物质的喂养，而工蜂出生后只享受三天蜂王物质，随后改喂蜂蜜。这一差别似乎注定了蜜蜂未来品级的分化。

19

人与害虫的斗争

（Fight between pest insects and human beings）

这里所讲的害虫是指有害昆虫。

什么是害虫？会吃庄稼、果木、蔬菜和其他储藏物的，会咬人的，会传播人畜和植物疾病的昆虫都是害虫。虽然有害昆虫的种类不算很多，但问题在于每种害虫的个体数量往往可能多得数不胜数。

昆虫与人类原本和谐地生活在地球上，它们是人类不可缺少的伙伴。然而，为什么有些昆虫变成了人类的死敌？

科学家指出，由于人类不合理开发利用自然，破坏了地球的生态环境，打乱了自然界原有的生态平衡，改变了各地生物的种类成分和数量动态，某些昆虫种类数量激增，而另一些昆虫数量却日益减少。随着人口的增长，人类活动区域及农耕面积日益扩大，留给昆虫生存的天然草地、灌丛、森林越来越少，致使部分昆虫侵入农田、种植园甚至居民房舍，成为和人类争夺食物和空间的害虫。

必须承认，害虫及虫害问题实际上是人类自己造成的。**现今防治虫害已经成为人类生产和生活中的头等大事之一。**

人类和害虫斗争已经几百年了，尽管下了很大功夫和耗费许多财力物力，但还未能完全控制虫害。今天，有害昆虫对人类的祸害甚至比过去更为严重。

148

图19.1

一种昆虫是否有害，关键要看数量。少量**毛虫**吃掉少数叶片（图A），如果叶片生长速度快于昆虫的繁殖，这并不会出现虫灾。但如果有数以千计的毛虫在咬啮叶子（图B），而且叶片生长速度慢于害虫繁殖速度，虫害就发生了。防治害虫，是指控制害虫的数量，没有必要完全消灭它们。

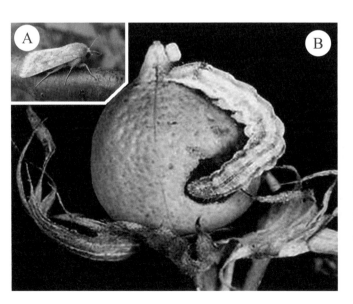

图19.2

棉铃虫是中国各棉区最重要害虫之一，它是一种夜蛾（图A）的幼虫，为害棉株的花蕾和幼铃，因此又称**钻桃虫**（图B）。遭受棉铃虫严重侵害的棉花花蕾、棉铃全部脱落，造成棉花减产甚至绝收。

149

图19.3

蚜虫俗称**蜜虫**，是最具破坏性的害虫之一，常群集于植物叶片、嫩茎、花蕾等部位，刺吸汁液，使叶片皱缩、卷曲，严重时枝叶枯萎甚至整株死亡。从（图A）可见，为害同一大豆叶片的既有无翅蚜也有有翅蚜。（图B）是一种为害葡萄的红蚜。蚜虫种类很多，可为害多种作物。

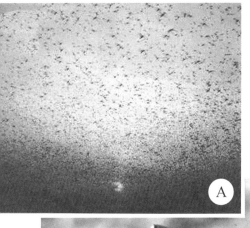

图19.4

群居型**东亚飞蝗**历来是臭名昭著的大害蝗，大爆发时蝗群迁飞过境，天空晦暗，日月无光（图A）。据史书记载，两千多年来中国共发生大规模蝗灾804次。因此，农书历来把水灾、旱灾和蝗灾并列为三大自然灾害。（图B）是雌雄一对东亚飞蝗在交尾。

图19.5

草地贪夜蛾原产美洲热带地区，在历史上多次形成虫灾，2016年起入侵非洲、亚洲，2019年出现在中国大陆18个省份与中国台湾省。成虫（图A）善于长距离迁飞扩散产卵地，每只母虫能产1千粒卵，幼虫（图B）严重为害玉米、高粱、小麦等作物，已在多国造成巨大的农业损失。

图19.6

马铃薯甲虫原产北美，最初取食野生茄科植物，随着马铃薯引入北美，转而严重危害马铃薯，也危害茄子、番茄等茄科作物，并逐渐扩散、入侵欧洲、亚洲许多地方，成为世界上著名的毁灭性检疫害虫。

图19.7

蜜壶蚁原产墨西哥，工蚁采蜜带回巢内，喂给部分专管贮蜜的工蚁，**贮蜜蚁**嗉囊储满蜜糖，胀得像个大壶，站立不便，只能倒挂在蚁巢顶壁（见图），旱季缺食时放出蜜液供同伴食用。蜜壶蚁已入侵澳洲等地，不但吸取花蜜，还盗食香蕉、葡萄、凤梨、甘蔗及仓库里的食糖，导致严重的蚁害。

人类时常用一些不适当的方法与害虫斗争，例如使用化学农药杀虫。农药在农业生产中的确起到了重要作用，但同时也带来一些严重的问题：农药在农作物中的残留会在人类食物链中积累；农药在杀灭害虫的同时也会毒害益虫及害虫天敌；长期使用化学农药使得害虫产生抗药性，迫使人们不断增加农药使用量并研制新的更毒的农药。单纯以化学农药治虫，会形成恶性循环，从而危及多种生物资源及生态环境。

图19.8

长期以来，许多人错误地相信，通过机械或飞机大规模喷洒化学杀虫剂，能够快速有效地毒杀害虫。而对于化学杀虫剂的负面作用却知道得太少、太晚。

图19.9

近年来人们逐渐认识到，用化学药剂对付害虫不是好办法。从保护生态环境、维护生态平衡来说，杀虫剂药死的不仅有害虫，还有益虫和人类本身，也对环境造成破坏。

近年来，科学家致力于研究使用更好的方法控制昆虫，例如利用自然界的**天敌昆虫防治害虫**。

什么是天敌昆虫？能够控制、减少害虫数量的有益昆虫就称为天敌昆虫，**包括捕食性昆虫**（如瓢虫、草蛉、食蚜虻、螳螂、螳蛉）**和寄生性昆虫**（如赤眼蜂、姬蜂、小蜂、茧蜂、细腰蜂、寄生蝇）。应用科技手段人工保护、增殖、繁育天敌昆虫，并选择适当时机释放到农田或林区，让天敌昆虫帮助我们防治害虫。

利用一类生物控制另一类病虫害生物的方法叫作"生物防治"，生物防治的最大优点是不污染环境，不会引发生态风险。

实际上，每种害虫都有一种或几种天敌，常见例子如赤眼蜂、寄生蝇防治松毛虫，肿腿蜂防治天牛，蚜小蜂防治松突圆蚧。除了天敌昆虫以外，科学家还利用真菌、细菌、病毒和能分泌抗生物质的抗生菌等微生物防治害虫，例如应用苏云金杆菌（细菌）制剂防治多种林业害虫，应用白僵菌（真菌）防治松毛虫，应用病毒粗提液防治毒蛾和大袋蛾，以及应用微孢子虫（原生动物）防治舞毒蛾幼虫等，这些统称"以虫治虫，以菌治虫"。其他天敌动物类群很多，如多种益兽、益鸟、爬行类、两栖类、蜘蛛、蜈蚣等。只要人类保护好天敌生物，它们就是帮助我们防控害虫的"天兵天将"。

153

A

B

图19.10

瓢虫身体只有一粒红豆大小，因形状像葫芦瓢而得名。瓢虫家族成员众多，大多数属于益虫，常见的如二星瓢虫、七星瓢虫、十二星瓢虫、大红瓢虫等，它们捕食害虫。图中七星瓢虫成虫（图A）和幼虫（图B）都捕食害虫。但有些种类瓢虫吃植物，如茄二十八星瓢虫。

图19.11

瓢虫最喜欢吃蚜虫和介壳虫。（图A）为一只**七星瓢虫**正在吃它捕到的一只红蚜，瓢虫会找到蚜虫多的地方，一只只抓过来，吃进去。一只瓢虫平均每天能吃掉100多只蚜虫。（图B）是一只瓢虫幼虫正在捕食蚜虫。人类帮助瓢虫繁殖，利用瓢虫防治害虫，已有久远的历史了。

B

图19.12

食虫虻身强体壮，飞行快速，眼大而亮，常停息在植物枝叶间，伺机捕捉害虫，捕到后将消化液注入被捕昆虫体内，把被捕虫体溶化成浆液后吸食。如果不遭到农药的毒杀，自然界的食虫虻能帮助我们消灭大批害虫（图A、B）

图19.13

寄生蜂类**赤眼蜂**（图A）、**跳小蜂**（图B），它们的身体比一粒害虫卵还小，能把自家的卵产在松毛虫、玉米螟、二化螟、蝽象等害虫的卵中，寄生的卵孵化出幼虫后，吃寄主的卵黄，并在寄主卵内化蛹，羽化为成虫后才咬破寄主卵壳飞出。卵寄生蜂毁坏寄主（害虫）卵，因而能够消灭大量害虫。

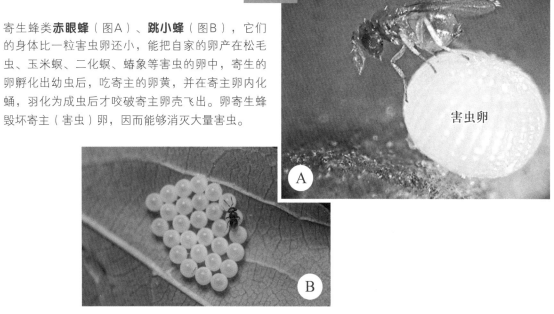

害虫卵

图19.14

为了让更多的人知道**赤眼蜂**是人类的朋友，更好地保护这种有益昆虫，1989年朝鲜民主主义人民共和国印制发行了赤眼蜂图像的邮票。看，赤眼蜂头上无论3个单眼还是一对复眼都是红色的，它的名字就是这样得来的。

图19.15

姬蜂也是一类卵寄生蜂。图中是一只雌性**长针姬蜂**，腹部末端的针状产卵器比身体还长得多，能深深地插入树皮里面的虫洞中，把卵产在深藏不露的蛀木害虫（例如天牛）的幼虫或蛹体内。姬蜂卵孵化为幼虫后，一点点地吃掉害虫的幼虫或蛹。

156

图19.16

茧蜂是另一类小型寄生蜂（图A），也是多种害虫的天敌。母茧蜂产卵在毛虫身上，卵孵化为幼虫后吃寄主毛虫，随后在寄主体内化蛹，或幼虫老熟后钻出，在寄主体表结成黄色或白色丝茧，并藏在丝茧内化蛹。有时一只毛虫的身上寄生了数十只茧蛹（图B），最终这只毛虫必死无疑了。

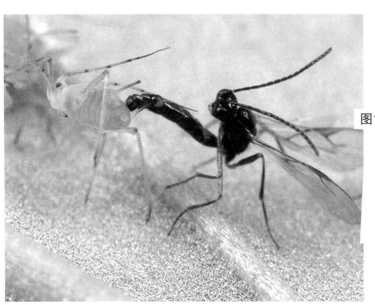

图19.17

寄生蜂的寄生方式多样，有的寄生蜂把卵产在寄主的卵、幼虫或蛹体内，有的则能产卵到寄主成虫的体内。例如**蚜茧蜂**找到蚜虫成虫，立即飞奔前去，不等蚜虫逃走，迅速弯曲腹部，伸出产卵器，刺入蚜虫体内产卵。

157

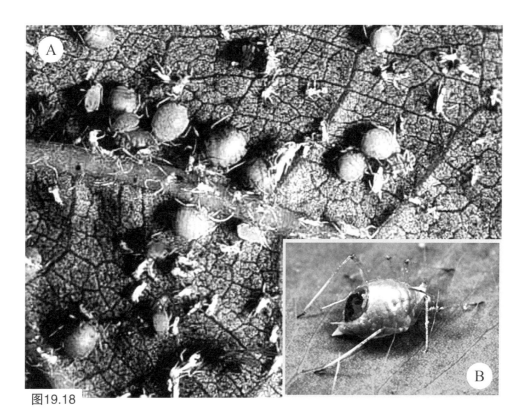

图19.18

遭受**蚜茧蜂**产卵寄生的蚜虫，不久虫体膨胀如球，外壳变成黄褐色而死（图A）。随后在寄主体内羽化的蚜茧蜂成虫，咬穿寄主蚜虫的腹部飞出（图B），另找新寄主去了。

　　正因为天敌对防控害虫效果明显，一些国家和地区从外国或外地引进、移殖某些天敌昆虫。20世纪50年代中国引进澳洲瓢虫防治吹绵蚧；四川省由浙江省移殖大红瓢虫防治柑橘吹绵蚧；广东省、海南省移殖小茧蜂防治为害紫胶虫的白虫，都获得良好成效。

　　近年来，科技工作者在病虫的无害化治理，例如使用性信息素诱虫剂、诱虫灯、粘虫板等环保型技术方面，不断取得新进展。

19世纪后期，美国加州柑橘园遭遇**介壳虫**（图A）的毁灭性灾害，而当时澳洲由于有专喜吃介壳虫的**澳洲瓢虫**（图B），柑橘园无介壳虫灾。1886年美国率先引进139只澳洲瓢虫，次年繁殖1万多只，分别释放至果园，不久介壳虫即被控制，不再为害。后来中国、法国等也仿效引进，同样取得良好效果。

图19.19

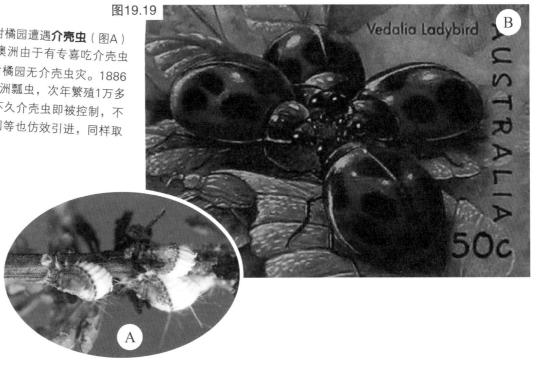

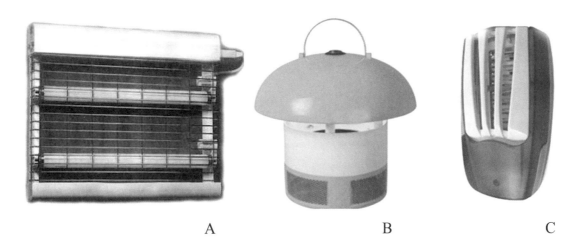

A   B   C

图19.20

害虫种类及为害对象不一样，虫害防治必须由专业部门采取科学方法来进行。昆虫信息素研究成果在虫害防治方面得到了应用。例如，科学家在**捕虫器**里放上性引诱剂，引诱来大批害虫而加以消灭。（图A）为害虫诱捕器，（图B）为诱虫灯，（图C）为电子灭虫器。

20

保护人类的昆虫朋友

（Protect beneficial insects）

昆虫的个体虽然很小，但它们的群体展现出巨大的潜能，**昆虫无时无刻不在对自然界以及人类社会产生重大的影响**。种类和数量如此众多的昆虫，其能力的可能性和行为的多样性几乎是无穷无尽的。我们真的需要更多地认识昆虫和了解昆虫。

人类社会随时随地都要和昆虫打交道，许多情况下人类和昆虫和谐相处，昆虫是我们的好朋友。如果没有昆虫，整个世界就将是另外一种样子，人类的生活也将是另外的模样。

如果没有昆虫，许多美好的东西将从这个世界消失，两栖动物和爬行动物将失去基础食物，大部分食虫鸟类不再有，许多其他动物也不再能够生存，我们的食物就少得多。如果没有传粉昆虫，世界就少有芬芳的花朵和甜蜜的水果，蔬菜的种类也会少得可怜，五颜六色的花草树木也难得见到，世界将是贫乏而单调的。

如果没有食尸、食腐和食粪的昆虫，到处将堆满污秽恶臭的粪便、腐尸、枯枝、烂叶，这个世界将是肮脏和可憎的。

昆虫不仅关系世界的物质生产和经济建设，而且关系到地球生态系统的正常运转，它们还是人类精神生活、文化和艺术创作的丰富源泉。

图20.1

许多植物依靠**蜜蜂**（图A）、**蝴蝶**（图B）和其他昆虫授粉，花粉被采花昆虫从这朵花带到另一朵花，完成异花授粉。如果没有昆虫授粉，世界上就不会出现色彩斑斓、香溢人间的虫媒花植物。

一个简单的食物网

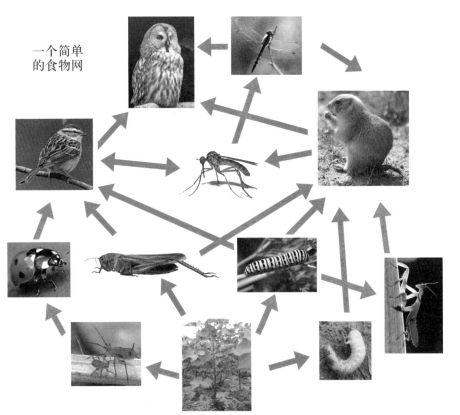

图20.2

昆虫为鸟类、哺乳类、爬行类和两栖类、蜘蛛、蝎子、鱼类等提供大部分食物，如果没有昆虫可吃，这些动物会因食物缺乏而饿死和绝迹，导致其他动物和人类更严重的饥荒。在草地和森林生态系统**食物网**中，昆虫处在重要的基础地位。

图20.3

食腐及食粪昆虫专门取食尸体、腐物、粪便，转化成为生态系统中容易循环的物质，它们是净化环境的"清道夫"。例如**埋葬虫**平时停息在植物上（图A），找到死尸时产卵在尸体中，并不停地挖掘尸身下的土地（图B），直到把尸体埋入地下，作为给后代预存的食粮。埋葬虫因如此关爱后代而出了名。

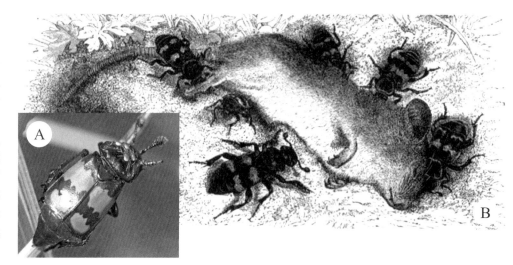

图20.4

自然界每天有许多树木死亡。**蛀木甲虫**喜欢吃死木料，并在木料中钻洞繁殖，使得细菌、真菌等得以趁机侵入木料内部，加速木料的腐烂、分解过程。森林中腐木被清除，新树才能长出。如果没有这类昆虫的帮助，世界可能到处都是死树、枯木。（图A）为蛀木甲虫幼虫，（图B）为成虫。

许多昆虫是人类宝贵的资源。资源昆虫是指昆虫的产物（分泌物、排泄物、内含物等）或虫体本身具有重大经济价值，可作为资源利用的物种。最著名的资源昆虫如蜜蜂、蚕、白蜡虫、紫胶虫、胭脂虫等，它们早已成为养殖昆虫，千百年来源源不断地提供给人类食物和其他生物产品。

许多资源昆虫身体富含蛋白质、脂肪、几丁质及特殊的激素、酶类等多种生物质，是现代食品工业和饲料工业的新型原料。有些昆虫能够产生具有杀菌功用的抗生物质；迄今科学家发现体内有毒素的昆虫700多种，其中数十种昆虫毒素显示很高的药用价值。人们相信，21世纪医药工业的发展和医药重大革新可能产生在昆虫中。

昆虫还是人类精神生活、文化和艺术创作的丰富源泉。有多少千古传颂、遐迩闻名的诗词、歌赋、故事，其灵感来自昆虫；有多少影视、摄影、绘画、音乐作品，题材选自昆虫的生态。无数昆虫以绚丽的色彩、翩翩的舞姿征服人类，众多鸣虫以天籁之音、悦耳曲调成为大众喜闻乐见的观赏昆虫。

图20.5

蜜蜂是神奇的小精灵，自从野生蜜蜂被驯化为家养蜜蜂以来，它们成为带给人类甜蜜生活的小天使，蜜蜂的辛勤劳动带来蜂蜜、蜂胶、蜂王浆。当然，养蜂需要有足够的蜜源植物、优良的蜜蜂品种和科学的养殖技术。（图A）为养殖蜂建在蜂箱内的巢窝；（图B）为放置在蜜源植物附近的一排蜂箱。

163

图20.6

中国是世界上最早**饲养家蚕**和缫丝织绸的国家，丝绸制作约有5000年可考的历史。野生桑蚕原本自然生长在桑树上，是以吃野生桑树叶为生的"害虫"。我们的祖先很早就懂得"化害为利"，从利用野生蚕茧抽丝开始，发明并不断改进人工养蚕和缫丝技术。

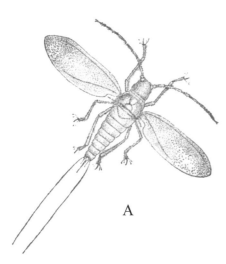

A

图20.7

蜡蚧类**白蜡虫**身体微小，却是世界闻名的特产资源昆虫。成虫形态奇特，雄虫（图A）有翅，雌虫无翅。通过人工科学放养，雄性白蜡虫幼虫分泌的虫蜡蜡花（图B），经过采收和加工，成为高级动物蜡，可作为化工及医药的天然原料。中国是最早利用白蜡虫生产虫白蜡的国家。

B

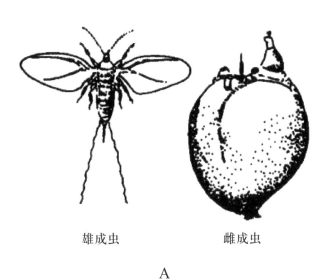

雄成虫　　　　　　　雌成虫

A

B

图20.8

胶蚧类**紫胶虫**（图A）是南亚热带特产昆虫，也是世界闻名的特产资源昆虫，雌雄两态。它们生活在寄主植物上，吸食植物汁液，由雌虫蜡腺分泌天然紫胶。紫胶用途广泛，在军工等领域中有特殊的用途，是一种宝贵的生物资源。

图20.9

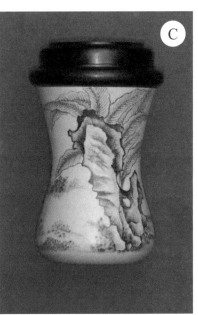

据考证，斗蟋蟀和鸣虫饲养这类与昆虫有关的民俗活动，在中国已有1000多年的历史了，是"虫文化"的一部分。图示华北地区现今几种制作精美的**养虫葫芦**，主要用于养蟋蟀和蝈蝈。

昆虫还是人类的"老师"。昆虫种类形态的多样、微观结构之精妙、行为生态之高效，给人类的**仿生研究**提供丰富的源泉。

早期人们仿生昆虫主要局限于形态方面，如模仿蛾、蝶类色彩花纹作为军事伪装；模仿蜻蜓的"翅痣"在飞机机翼上加平衡锤，消除飞机高速飞行出现的颤振危险。随着研究的深入，仿生目标关注到昆虫微系统、感觉器与运动器的结构与功能，例如研制仿昆虫嗅觉器的电子鼻和气体分析仪等。目前，国际上昆虫仿生的热点主要集中在研制虫形机器人或虫形飞机，仿昆虫触角感受器开发生物传感器，仿昆虫视觉及其控制机理制造导航机器人，仿昆虫体表微结构研制新型脱黏附和防伪技术，仿昆虫感觉系统研制声呐及反声呐装置等。人类向昆虫学习，研制出许多仿生高科技产品，拥有众多创新发明。

图20.10

昆虫的复眼是精巧的导航控制系统，还能感受偏振光、紫外光等。家蝇具有快速、准确处理视觉信息的能力，依据其复眼的结构和视觉机理，科学家已经进行了很多成功的仿生，例如一次可拍摄千多张照片的**蝇眼照相机**、先进的相控阵雷达、空对地速度计以及偏振光导航仪等。

图20.11

虫形飞机（图A、B）体积小，有很好的隐蔽性和机动性，在气象数据收集和环境研究等方面的应用上十分便捷，适于在室内或野外小范围侦察，也能攻击载人飞行器及其他目标。虫形飞机的发展，在未来国家安全和国家经济建设等方面将起重要的作用。

以上几方面足以说明，昆虫对于人类多么重要，昆虫资源多么珍贵！我们应该知道，从某种意义上来说，这个世界是停靠在昆虫脊背上发展和生息的。

然而，当今地球上野生物种的濒危、灭绝现象日趋严重，昆虫也不能幸免，许多种类特别是那些稀有而珍贵的物种，已从整个地球或部分地区绝迹；大量昆虫物种正面临灭绝境地；更多的昆虫种群正在衰落。保护物种资源已成为人类的重大任务之一。

科学家严正忠告："绿色植物、微生物、各种默默无闻的小动物和昆虫，它们构成了地球的生命。正是它们的存在，创造并维护着地球适宜生存的条件。"昆虫和节肢动物的重要性大到这样的程度，如果它们被消灭的话，可悲的命运总有一天会落到人类自己的头上。

如何保护我们的昆虫朋友，科技工作者指出：只有**认识昆虫、了解昆虫，才能科学有效地保护昆虫**；而保护昆虫最重要的环节在于保护它们的栖息地与生态环境，这也是保护生物资源最有效的措施。为了维护一些原始类型的自然生态系统，必须建立以珍稀濒危昆虫为保护对象的自然保护区，实行法律保护。许多国家立法规定，凡是受保护的昆虫物种，任何单位或个人，均不得随便采集或捕捉、出售、运输和出口。为此，不少国家取缔了野生昆虫贸易市场。此外，还通过异地引入、人工繁殖，并在其后释放野外等措施，重新建立先前已绝迹的某些昆虫的新种群，目前，这些方面已经有了成功的实例。

图20.12

地处我国亚热带的一处国家级**自然保护区**山清水秀、植被繁茂、生境良好，是国家一级重点保护动物金斑喙凤蝶的产地之一。

人类对昆虫的总对策应该是：第一，保护或重建有益昆虫的生存条件，促进有益昆虫的繁盛；第二，控制有害昆虫的数量，减少其损害，但目标不是消灭它们，而是在一定限度内容忍它们；第三，保护全部现在似乎无关利害的"中性"昆虫，实际上，它们对维护地球生态平衡是非常重要的，也是不可缺少的。

让我们一起保护昆虫，保护自然，保护人类的地球家园！

图20.13

在一些博物馆、动物园、国家公园、自然保护区及旅游胜地，昆虫都是进行热爱自然、保护自然科普宣传教育的生动教材。